第４章 2ケタ×2ケタの暗算 ❸

第５章 復習をしよう

コラム 特別な場合のゴースト暗算

JN013386

まったく新しい暗算法
岩波メソッド【ゴースト暗算】とは？

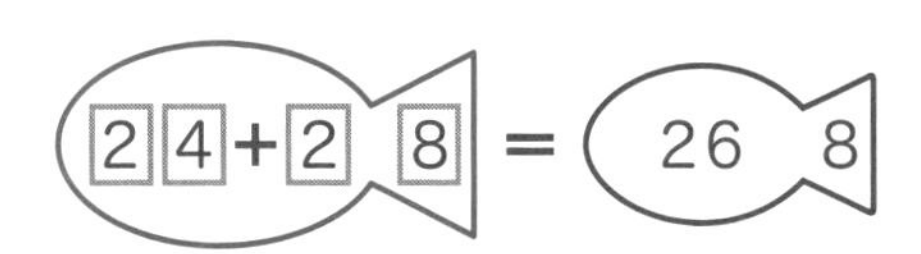

動画を見る

こんにちは、【ゴースト暗算】開発者の岩波邦明です。
この【ゴースト暗算】は、10年前、私が東京大学医学部在学中に開発した暗算法です。
その1冊目となる『6時間でできる！２ケタ×２ケタの暗算』は、それまで習得に「数か月〜数年」かかっていた「２ケタ×２ケタの暗算」が、わずか「6時間（つまり１日〜数日）」で習得できてしまう、まったく新しい暗算法の本でした。
そのカギは『おさかなプレート』という、「２ケタ×１ケタの暗算」の暗算用プレートにあります。このプレートは、〝暗算（頭の中でのイメージのしやすさ）〟にしぼった形になっているため、縦に書く筆算よりも『頭の中で思い浮かべやすい』のが最大の特徴です（つまり『おさかなプレート』は、書いているときではなく「暗算になったとき」に〝計算効率〟が上がるんです！）。
この本の第１章「おさかなプレート」に取り組めば、九九を覚えていれば、だれでも１時間くらいで「２ケタ×１ケタの暗算」がマスターできます（もともと筆算で暗算できていた人も、より楽に、早く正確に暗算ができるようになります）。
そして、第２章〜第４章まで取り組むことで、だれでも、「２ケタ×２ケタの暗算」が３時間〜６時間でマスターできます。そう、その気になれば、１日で習得できてしまう暗算法なんです！

【ゴースト暗算】のトレーニングのひとつに「ゴーストお絵かきゲーム」というゲームがあります。このゲームは、ゴースト暗算で最も重要な「数字を頭の中で思い浮かべる力」を高めるうえで、欠かせない重要なトレーニングなので、楽しみながらやってみてください。

【ゴースト暗算】をマスターすることで、あなたの計算力・暗算力はグンとアップします。
それは必ず、あなたの一生の宝物になるでしょう。
また、【ゴースト暗算】は、子どもたちだけでなく、おとなの人、おじいちゃんやおばあちゃんたちの脳トレとしてもとても役に立ちます。つかれた頭をときほぐす、脳のストレッチにもいいので、すすめてみては？

今回、10年ぶりの新版として発行されるこの令和版では、各章の頭のページにあるQRコードをスマホやタブレットなどで読みこめば、私の解説動画を見ることができます。動画を見ながら、【ゴースト暗算】を楽しく進めましょう。

それでは、第１章「２ケタ×１ケタの暗算」から、頭の中で数字がスイスイ思い浮かぶ暗算の感覚を、楽しんでみてください！

2021年4月
ゴースト暗算 開発者
岩波 邦明

岩波メソッド【ゴースト暗算】の特徴

❶「あっ」という間にできてしまう!!

この暗算法の最大の特徴は、なんといっても「すぐにできるようになること」。
算数が得意な子なら3時間、にがてな子でも6時間くらいで「2ケタ×2ケタの暗算」ができるようになります。
その気になれば、1日で習得することだってできます。

❷ あのインド式暗算をはるかにしのぐ……!?

日本の小学校の算数では、九九を覚えて、1ケタ×1ケタの暗算が81通りできるようになります。しかし、あのIT大国といわれるインドの小学校では、19×19までを覚えます。361通り（日本の4倍以上）の暗算ができるのです。
でも、このゴースト暗算を覚えると、99×99までの9801通りもの暗算ができるようになります。この数は、インドの小学校の25倍以上（正しくは27倍）、日本の小学校の121倍にもなります（スゴーイ）。

❸ 算数が楽しくなる！

この「ゴースト暗算」を学習した子どもたちの中には、「算数はちょっとにがて……」という子もいました。しかし、「ゴースト暗算」を習い、計算が「あれっ」と思うくらいかんたんにできたことで自信がつき、「算数が好きになった！」「楽しくなった」と口ぐちに言うようになりました。
暗算で計算が速くなった分、テストでは余った時間をほかの問題に注げますし、見直しをする余裕もできます。ふだんの生活でも、買い物をしたときのおつりの計算などがすばやくできて、なんだか、楽しくなってきたりするものですよ。

❹ 脳全体がきたえられる！

「ゴースト暗算」のコツは、頭の中で「絵」を思いうかべながら計算することです。
だから、芸術的なことにはたらく右脳と、計算などではたらく左脳を、同時にはたらかせることになるのです。

「ゴースト暗算」って、どんなものか、わかったかな？
じゃあ、始めようか！

第1章　2ケタ×1ケタの暗算

学習の目安：1時間

おさかなプレートの使い方

動画を見る

おさかなプレートを使った2ケタ×1ケタの計算方法を説明するよ。

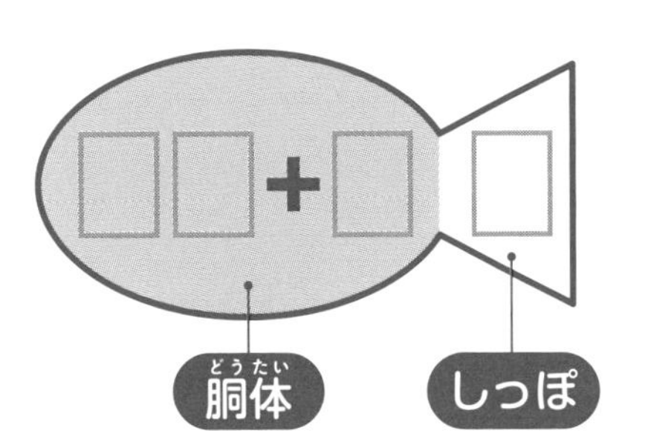

これが「おさかなプレート」だよ。
胴体としっぽは、別べつの部分なので、
別べつに計算するんだ。

じゃあ、ためしに問題をやってみよう。

56 × 4

まず、かけられる数の十の位の
数字 5 と 4 のかけ算をする。
5 × 4 = 20　だね。
この 20 を胴体の部分の左の
2 つの □ に書き入れる。

次に、かけられる数の一の位の
数字 6 と 4 のかけ算をする。
6 × 4 = 24　だね。
ここで、ちょっと注意！
この 24 の十の位の数字 2 を
胴体のいちばん右の □ に
書き入れる。
そして、一の位の数字 4 を
しっぽの □ に書き入れるんだ。

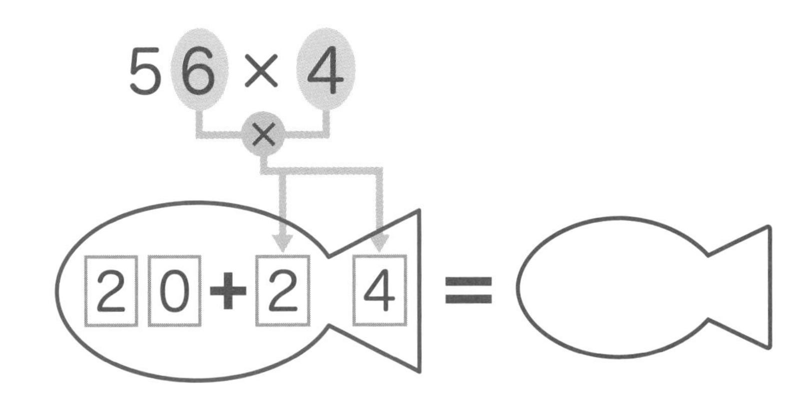

いよいよ 56 × 4 の答えを出すよ。
まず胴体の部分は 20 + 2 に
なっているね。
この計算をすると、22 になる。
この 22 が答えの十以上の位の
数字なんだ。そして、しっぽの
4 が一の位の数字になる。
56 × 4 の答えは 224 になるんだ。
わかったかな？

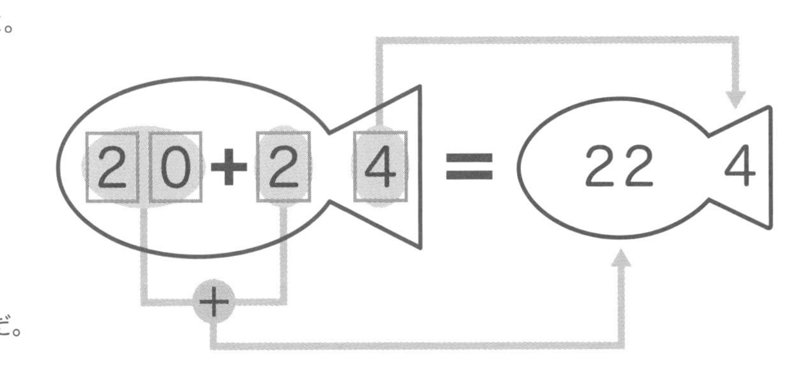

おさかなプレートのいろいろなパターン

パターン 1

67 × 4

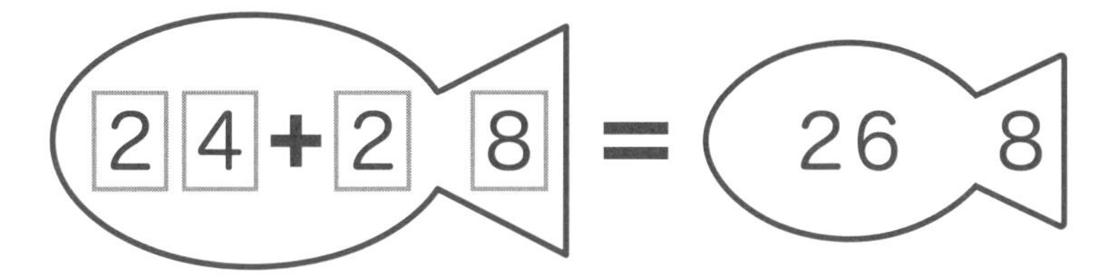

これは前のページで説明したのと同じだよ。
答えは 268 だね。

パターン 2

16 × 6

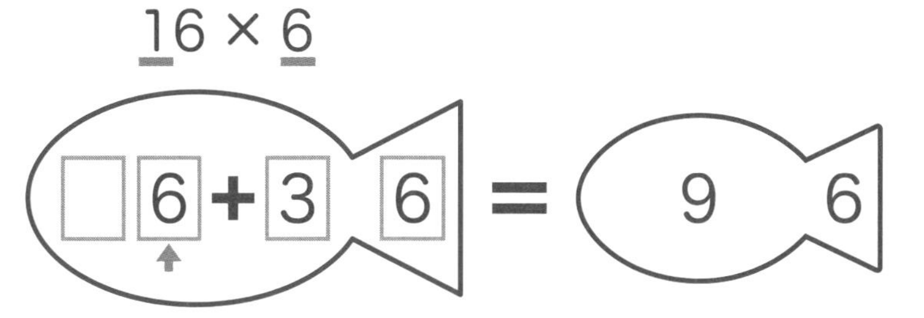

かけられる数の十の位の数字 1 と 6 をかけると、6 になるね。
こんなふうに 1 ケタの場合は、胴体の左の □□ の右側に 6 を書くんだ。
だから、答えは 96 だね。

パターン 3

71 × 5

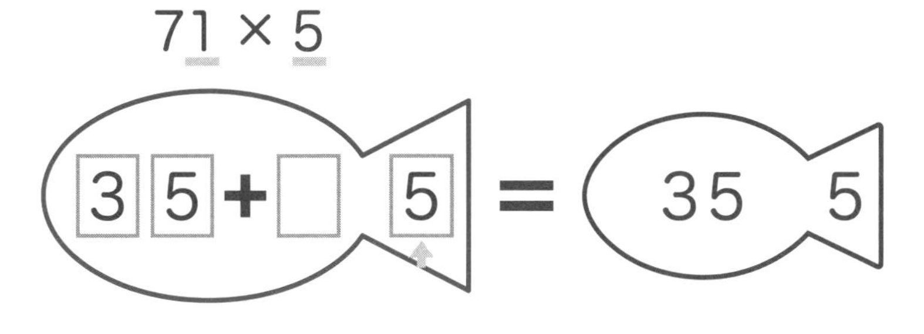

かけられる数の一の位の数字 1 と 5 をかけると、5 になるね。
こんなふうに 1 ケタの場合は、胴体の右はしの □ には数字を書かないで、しっぽの部分にだけ 5 を書く。
だから、答えは 355 だよ。

パターン 4

23 × 2

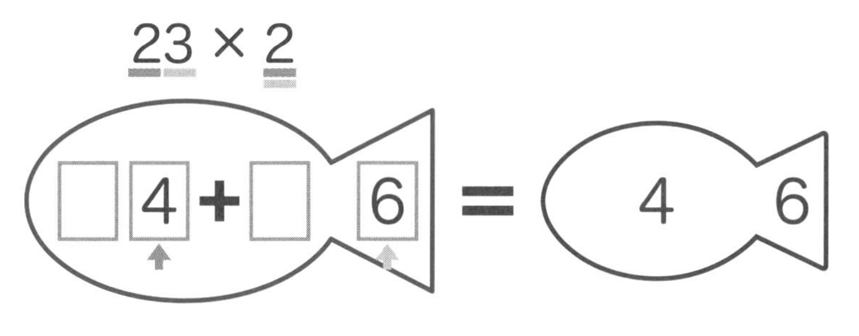

この場合は、どうだろう？
かけられる数の十の位の数字 2 と 2 をかけると 4 になるから、胴体の左の □□ の右側に 4 を書く。
そして、一の位の数字 3 と 2 をかけると 6 になるから、しっぽの □ にだけ 6 を書く。
だから、答えは 46 だね。

おさかなプレートを使った 2 ケタ× 1 ケタの計算方法はわかったかな？

おさかなプレートを使って計算してみよう！

じゃあ、問題だよ。

まずは、おさかなプレートに数字を書き入れながらやってみよう！

❶ 35 × 4

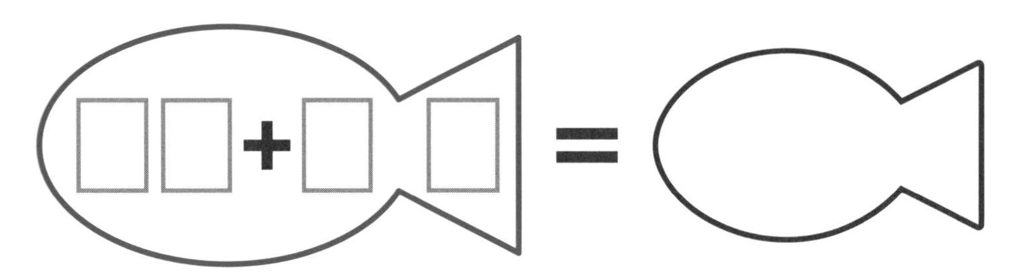

❷ 54 × 3

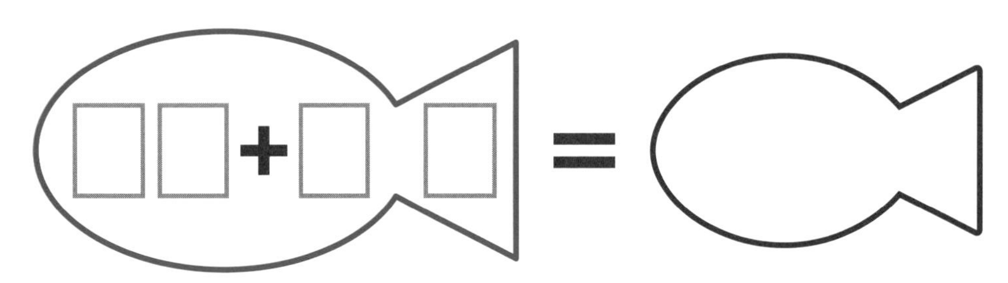

❸ 67 × 4

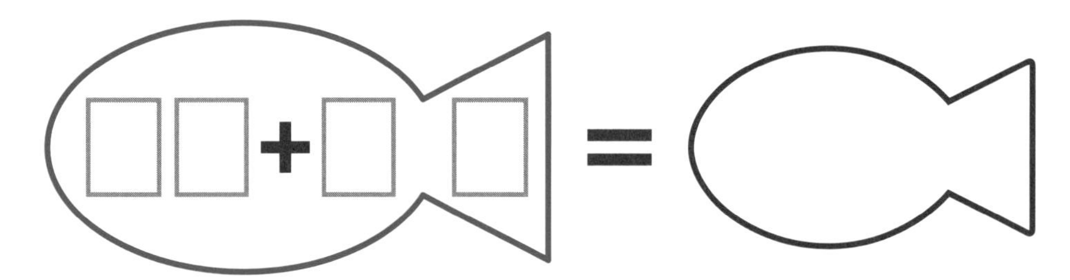

❹ 17 × 6

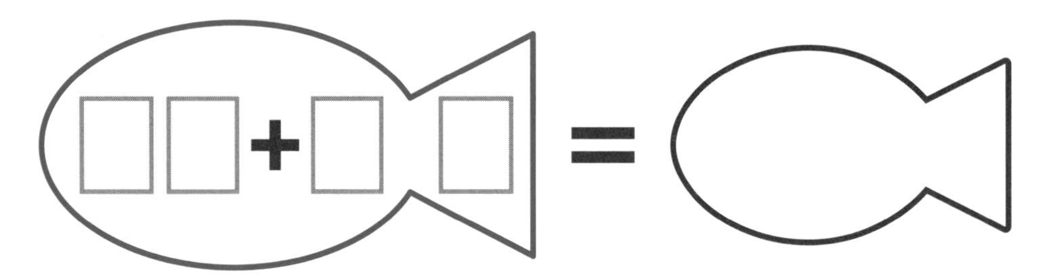

おさかなプレートはちゃんと使えてるかな？

❺　54 × 6

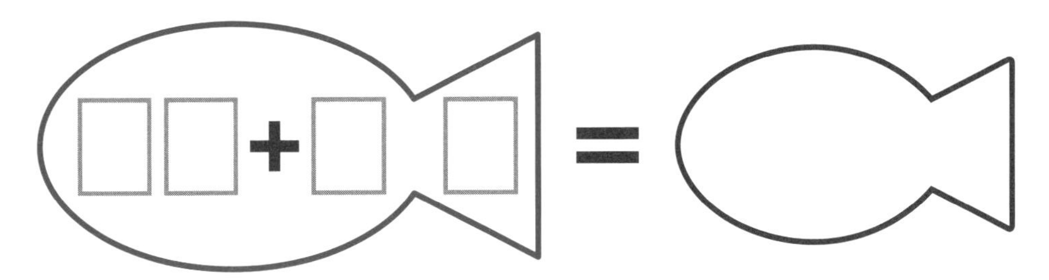

❻　36 × 7

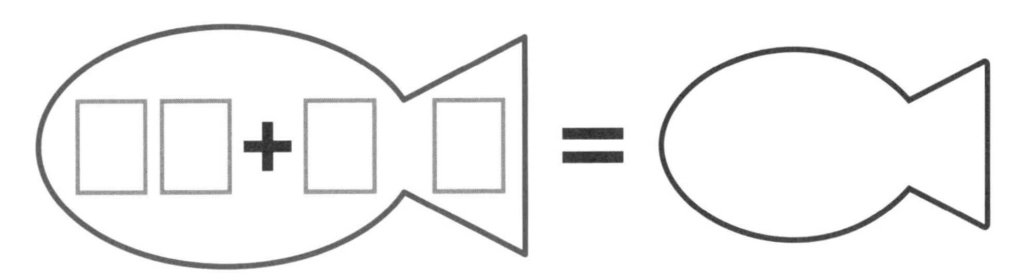

❼　82 × 8

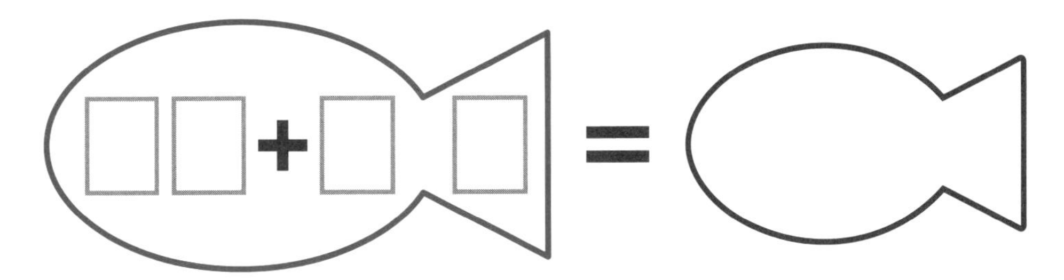

❽　52 × 3

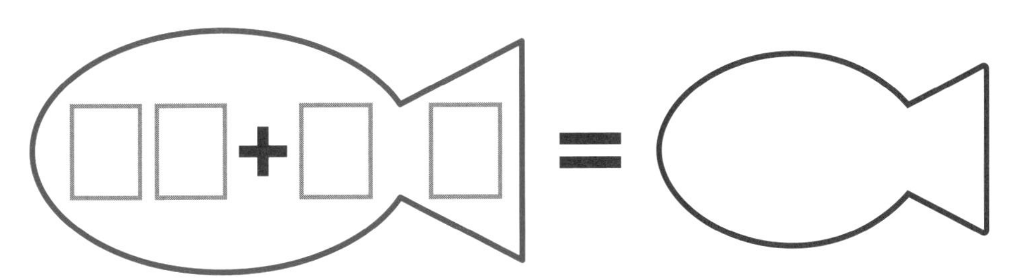

もっともっと練習(れんしゅう)してみよう！

❾ 87 × 4

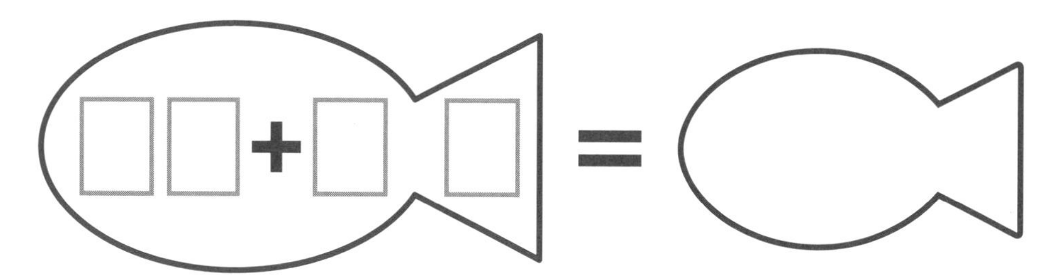

❿ 68 × 9

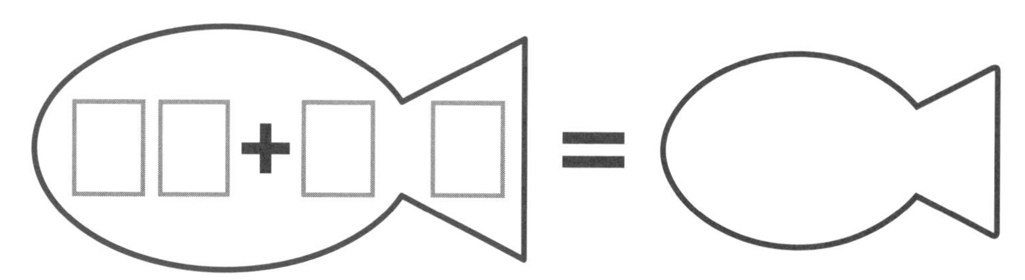

⓫ 89 × 6

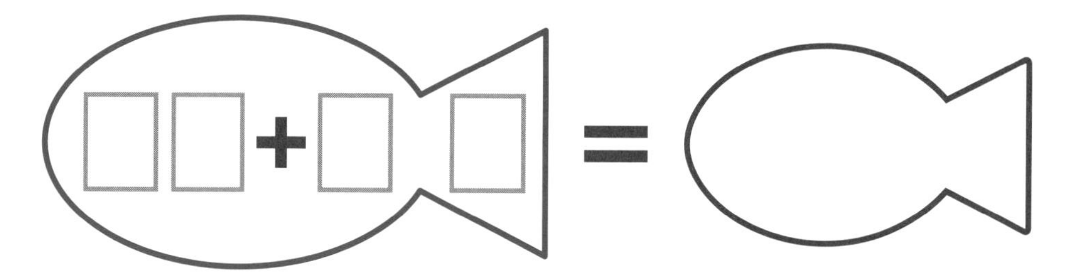

⓬ 41 × 2

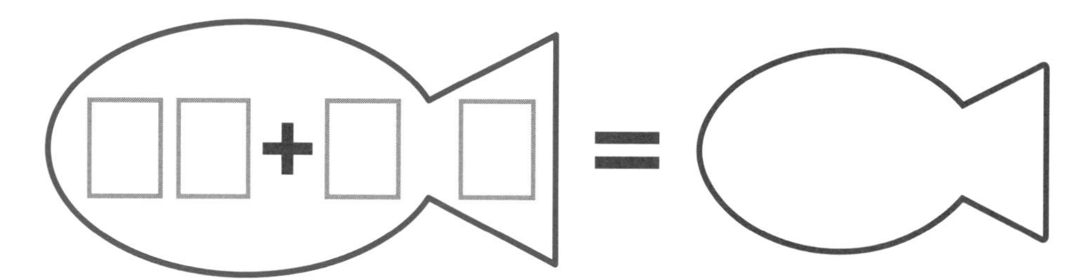

まだまだ！　どんどんやってみよう！

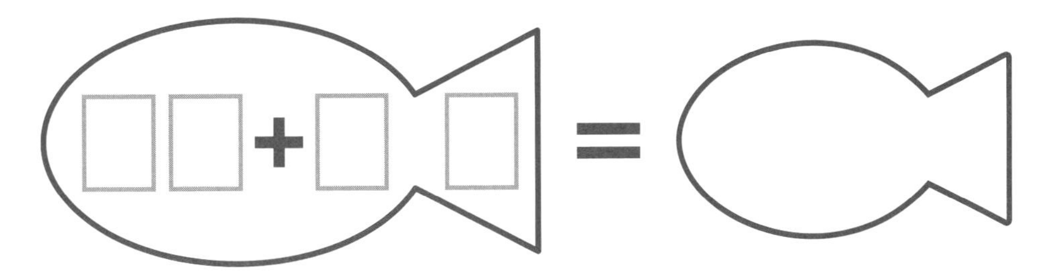

⑭ 54 × 2

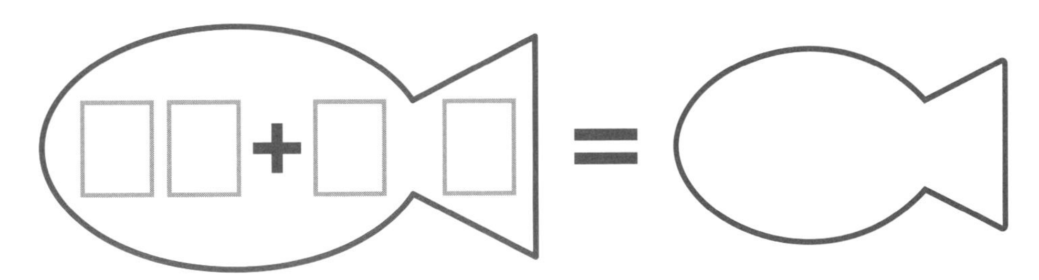

⑮ 38 × 3

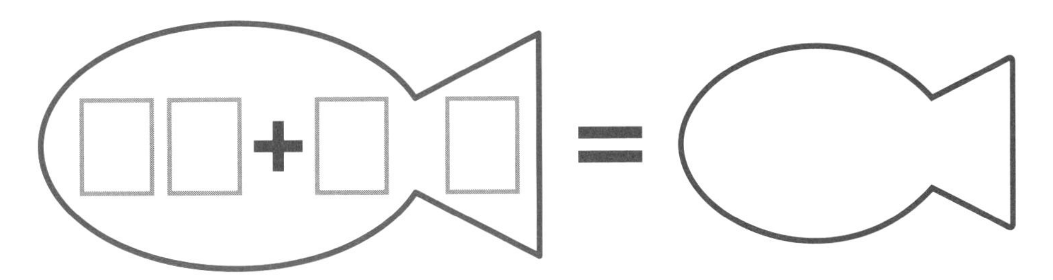

⑯ 72 × 9

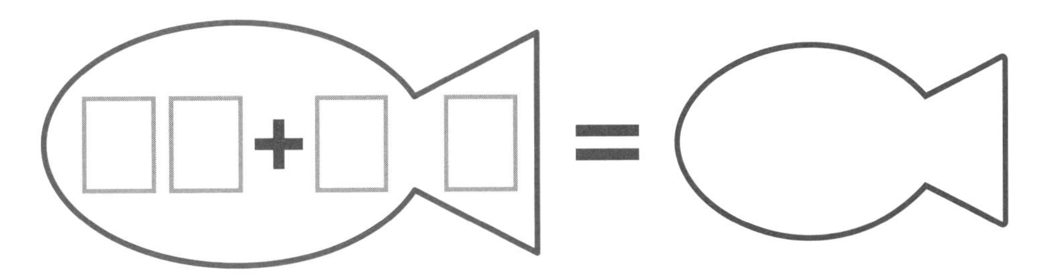

ゴーストお絵かきゲーム

暗算力アップのためのゲームだよ。このゲームをクリアできたら、暗算力がメキメキついてくるよ。

さあ、スタート！

1

下の絵を1分間よく見て、できるかぎり正確に覚えてね。
1分後、下じきや紙で絵をかくして、右のページへゴー。

もう1回やってみよう。

2

下の絵を1分間よく見て、できるかぎり正確に覚えてね。
1分後、下じきや紙で絵をかくして、右のページへゴー。

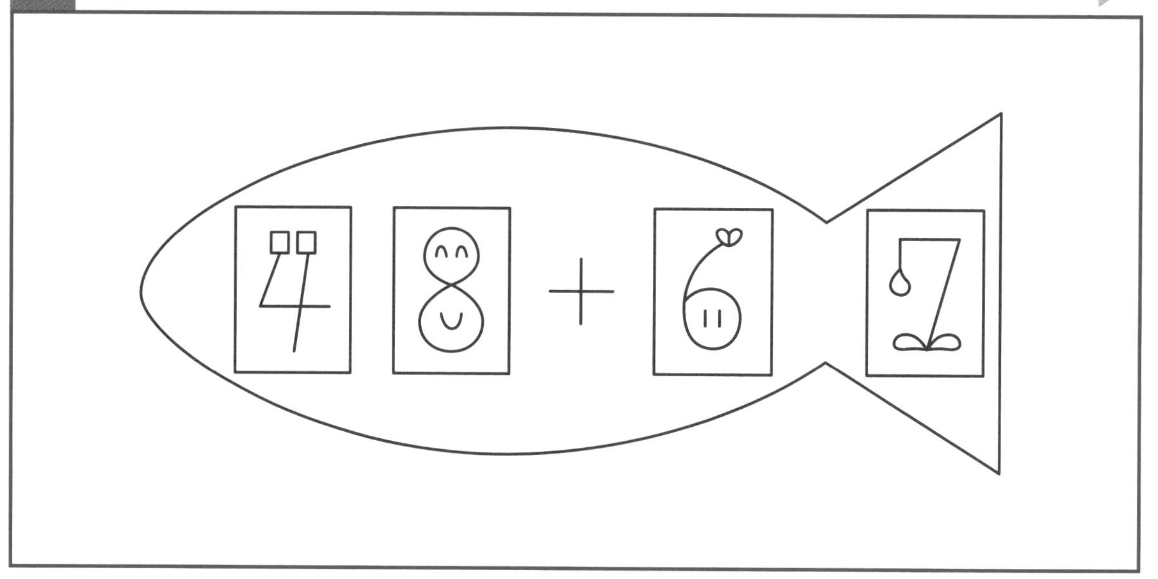

1

左の絵をかくしたら、どんな絵だったか、思いうかべながら頭の中で20数えよう。
20数え終わったら、左の絵はかくしたまま、下の□の中にかいてみよう。
できるだけ正確にかくんだよ。
制限時間はないから、ゆっくり思いだそう。

2

左の絵をかくしたら、どんな絵だったか、思いうかべながら頭の中で20数えよう。
20数え終わったら、左の絵はかくしたまま、下の□の中にかいてみよう。
できるだけ正確にかくんだよ。ゆっくり思い出しながら、やってみよう。

どうだった？
正確に絵をかけたかな？
正確にかければかけるほど、暗算力はアップするよ。

おさかなプレートを使った計算の復習だよ！

気分を変えて、おさかなプレートを使った計算をしてみよう。

おさかなプレートに数字を書き入れていこう。

❶ 47 × 7

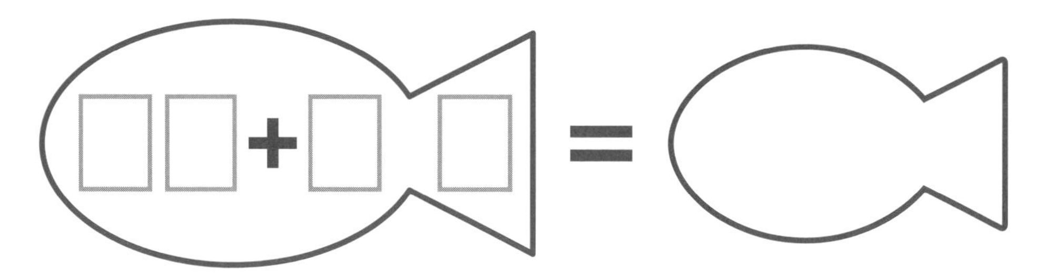

❷ 23 × 8

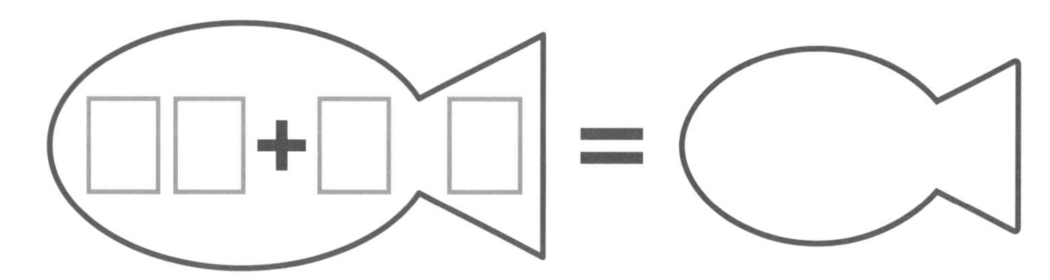

❸ 37 × 6

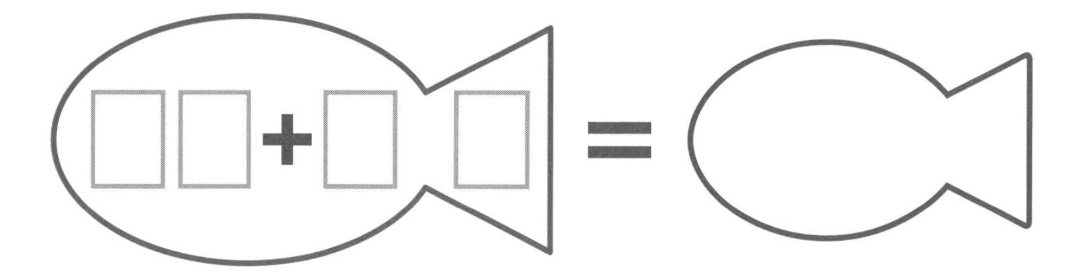

❹ 26 × 4

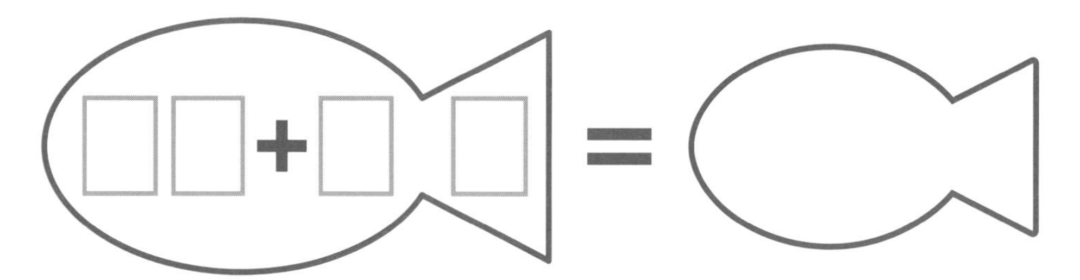

もう、やり方は覚えたよね。

❺　38 × 6

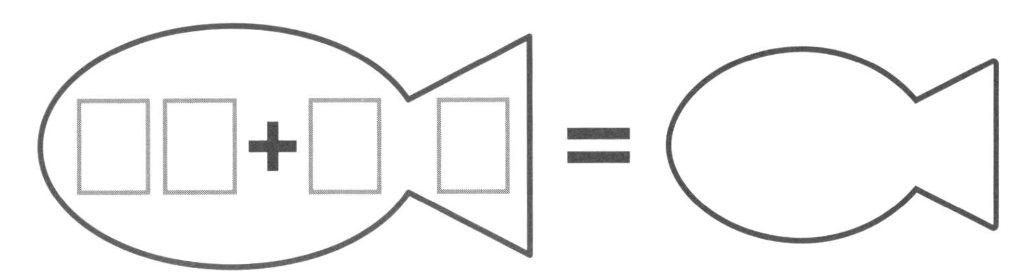

❻　51 × 6

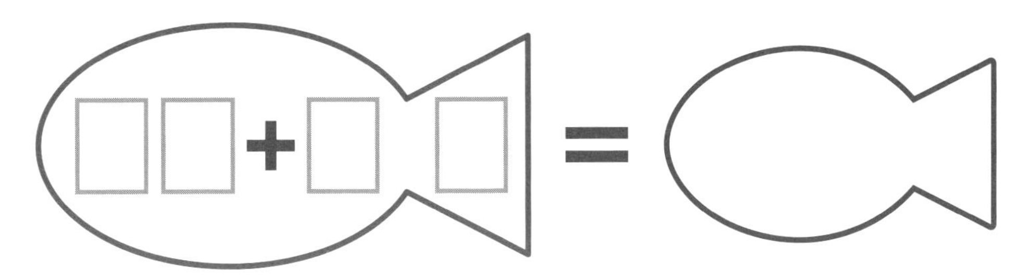

❼　12 × 4

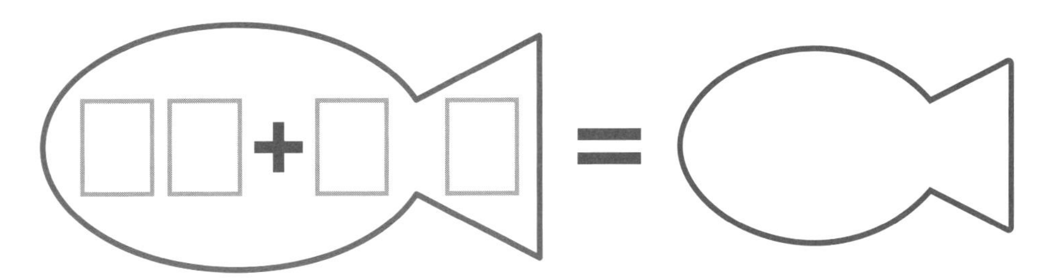

❽　68 × 8

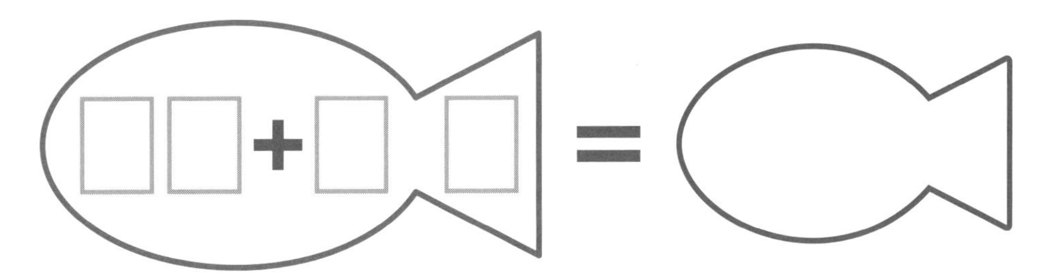

おさかなプレートはあるけど、使わないで計算するよ！

ちょっとむずかしくなってきたよ。今度は、左のおさかなプレートの □ には数字を書かないで、色のうすいプレートの □ の中に数字を思いうかべながら計算してみよう。答えを右のおさかなに書いてね。

❶ 35 × 4

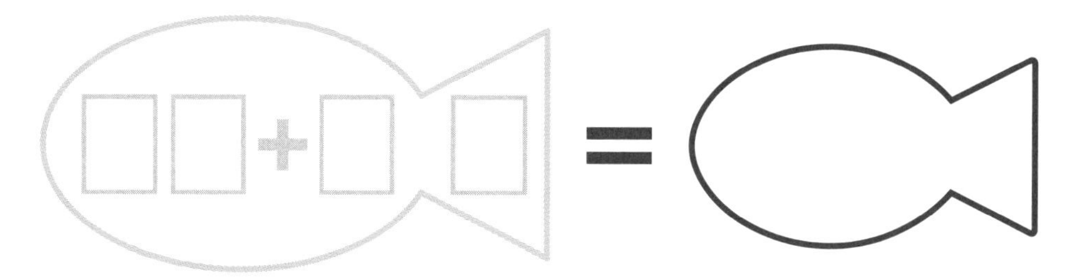

❷ 54 × 3

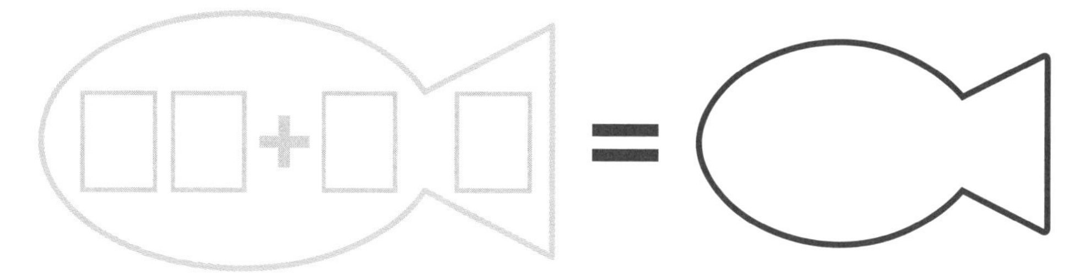

おさかなプレートは思いうかべられているかな？

❸　67 × 4

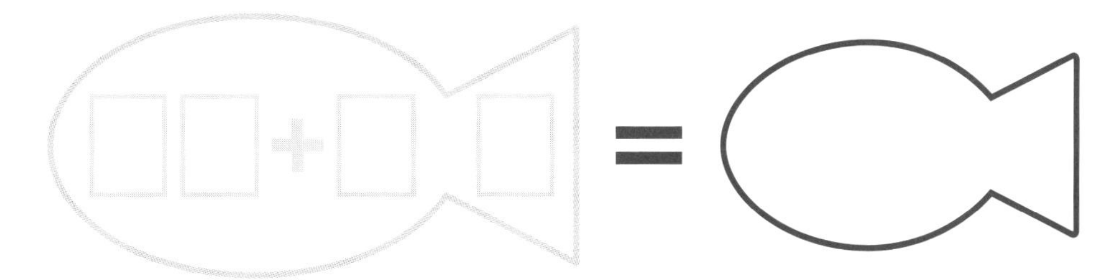

❹　17 × 6

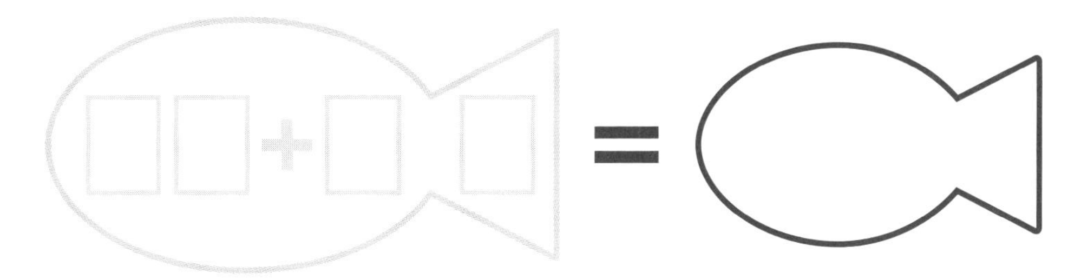

❺　82 × 8

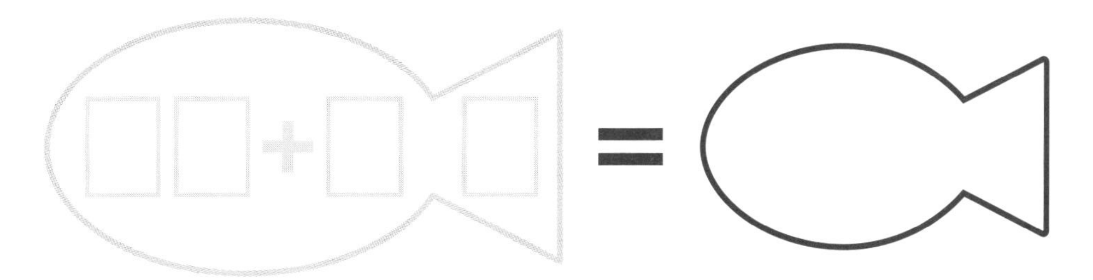

❻　52 × 3

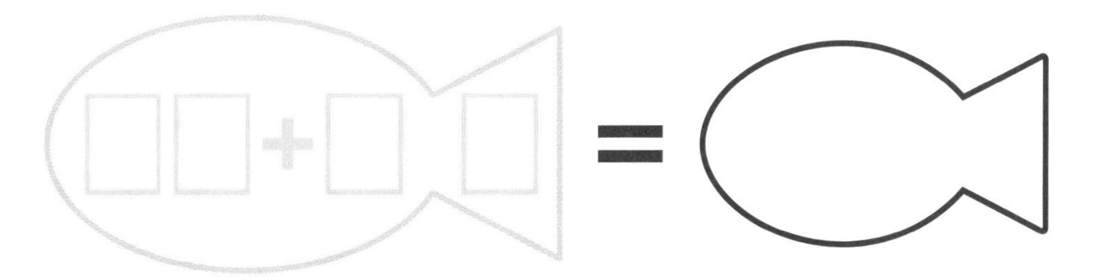

頭の中の□に数字をおいていくんだよ。

❼ 87 × 4

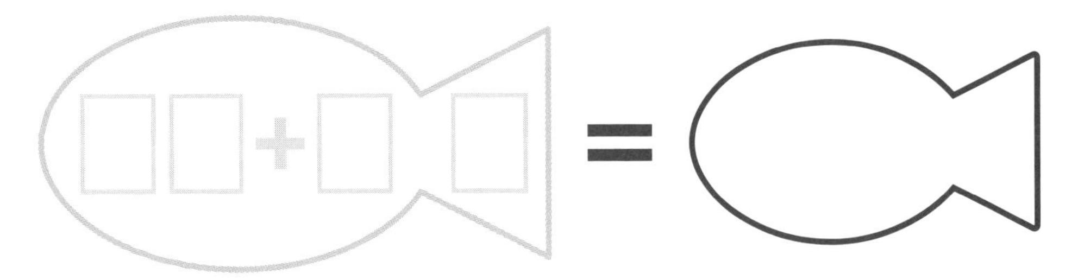

❽ 68 × 9

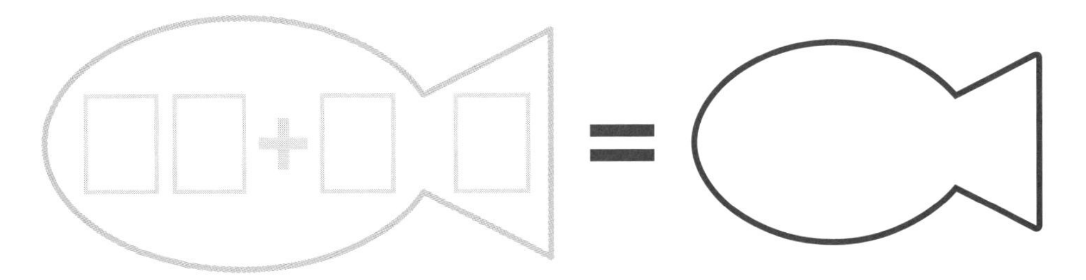

❾ 89 × 6

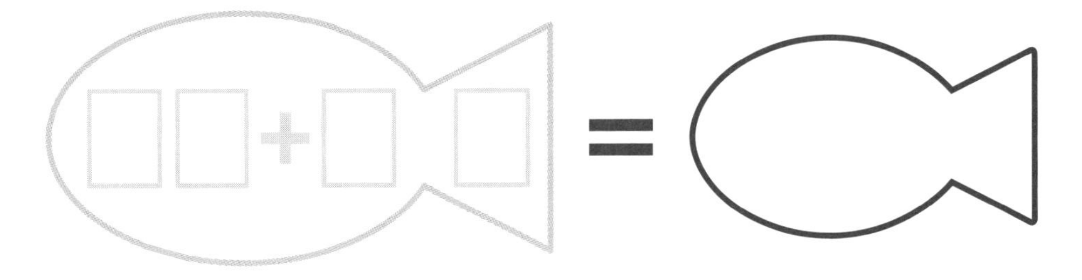

❿ 41 × 2

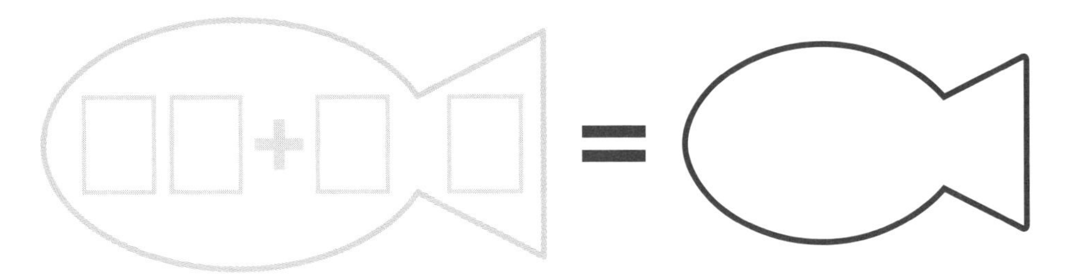

もう、だいじょうぶなんじゃないかな？

⓫　78 × 8

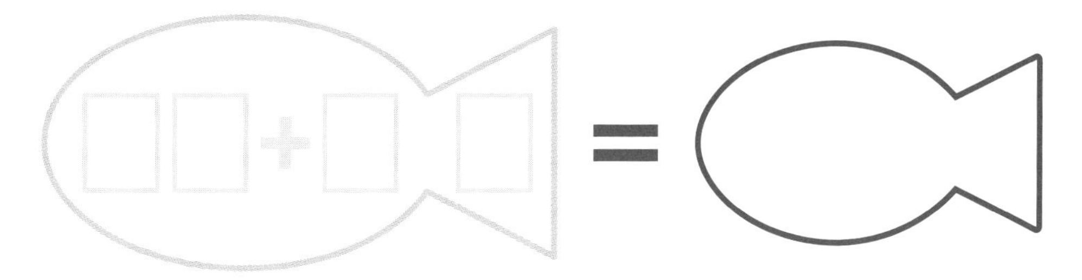

⓬　54 × 2

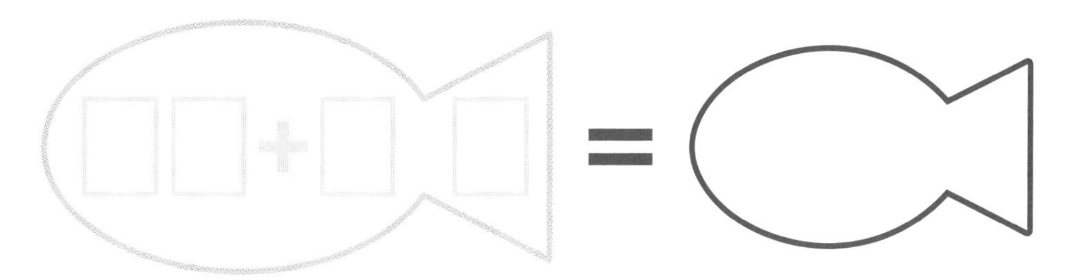

⓭　38 × 3

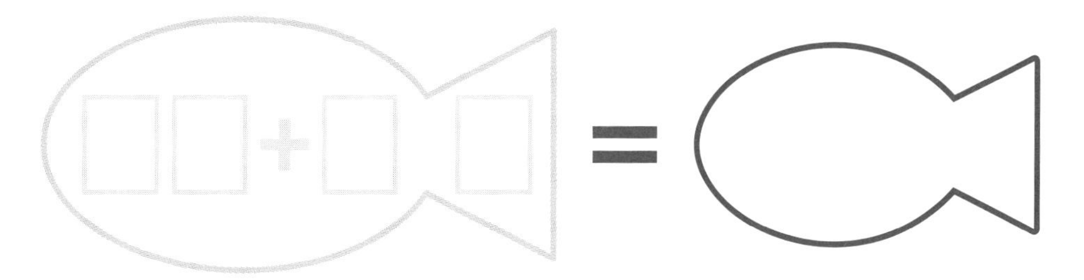

⓮　72 × 9

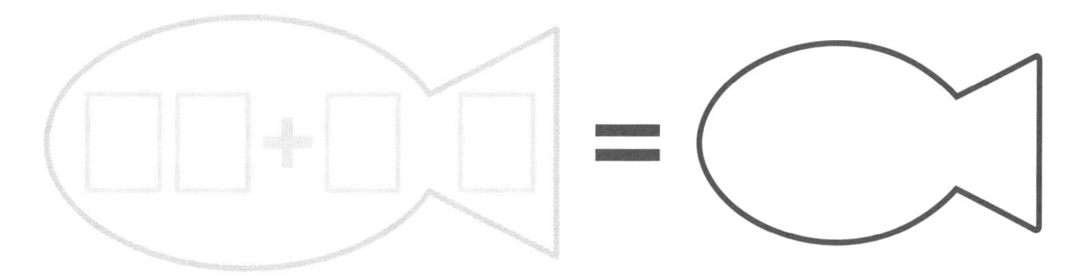

左のおさかなプレートがゴーストのようになくなったよ！

今度は左のおさかなプレートそのものがなくなっちゃった。

「ゴーストお絵かきゲーム」でやったように、おさかなプレートを頭の中で正確に思いうかべて、計算をした数字を入れていこう。答えを右のおさかなに書くんだよ。

❶ 54 × 3

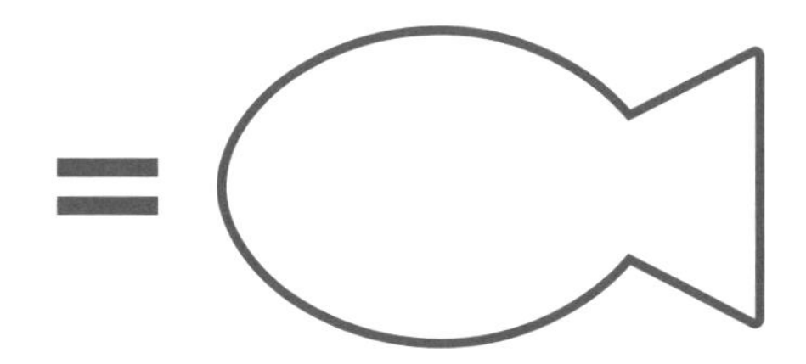

❷ 45 × 6

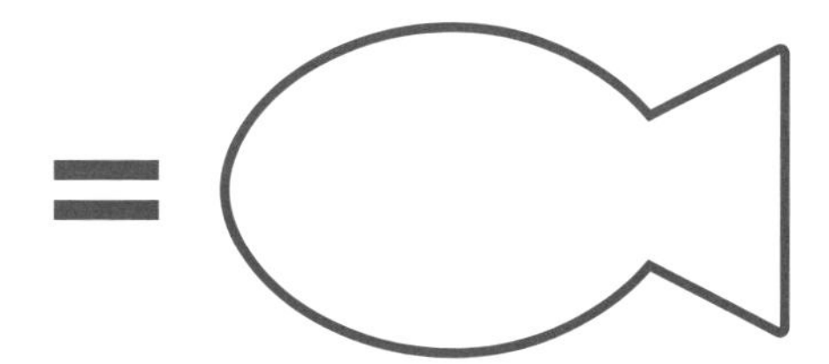

❸ 71 × 4

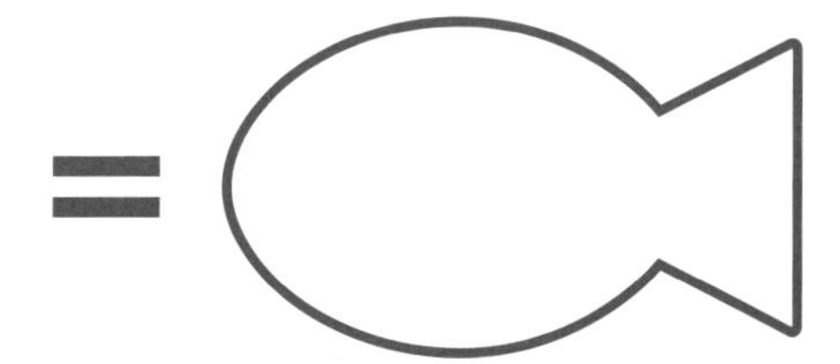

❹ 27 × 3

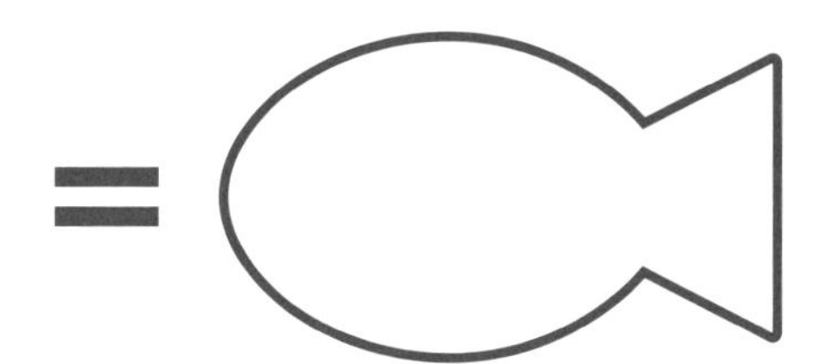

おさかなプレートは頭の中にきちんとかけたかな？

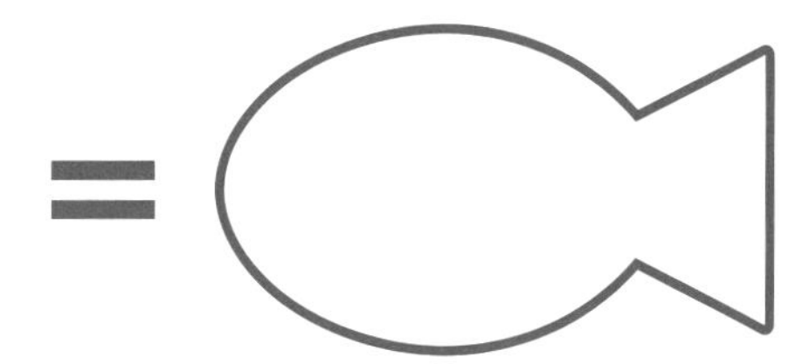

❻ 87×6

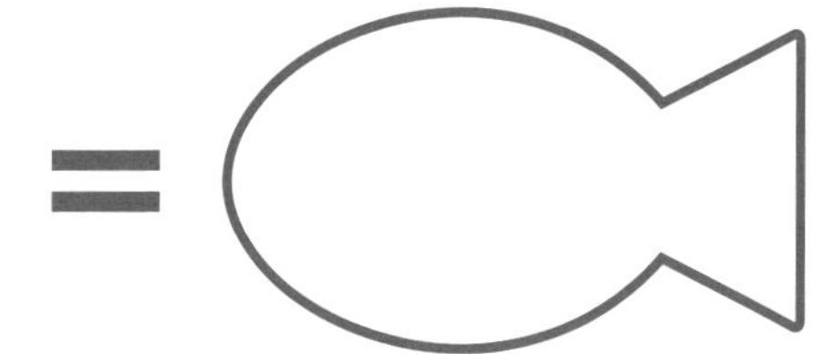

❼ 47×8

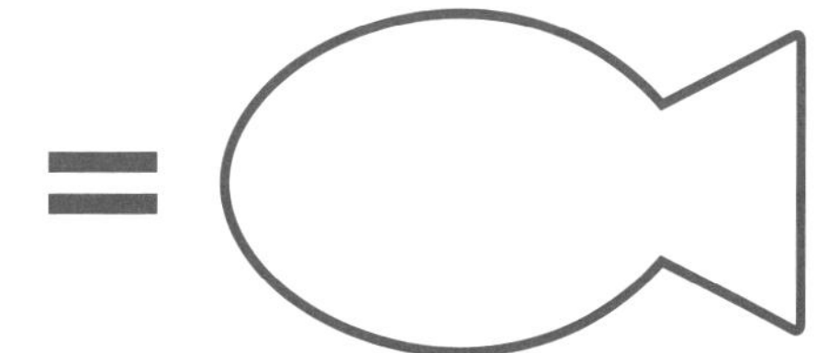

❽ 69×8

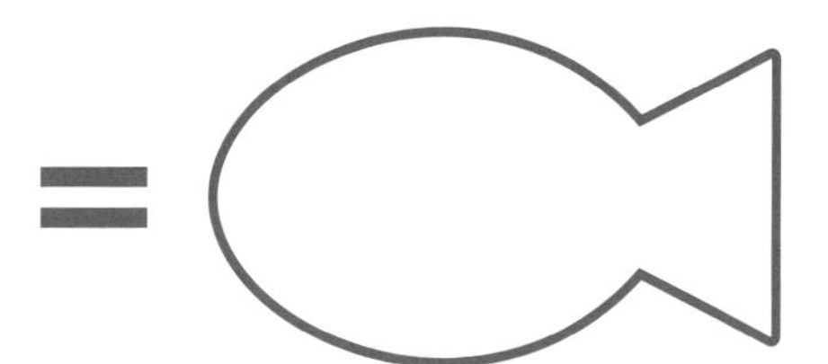

どんどんやってみよう！

⑨　19×9

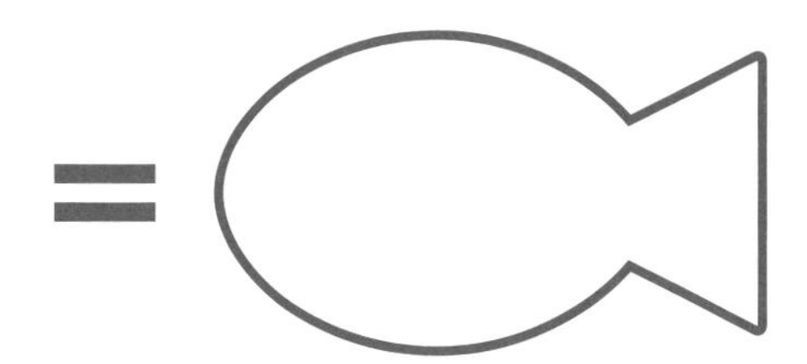

⑩　73×3

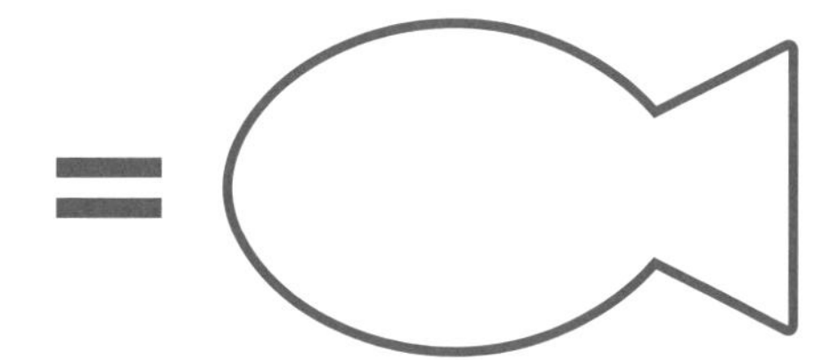

⑪　12×4

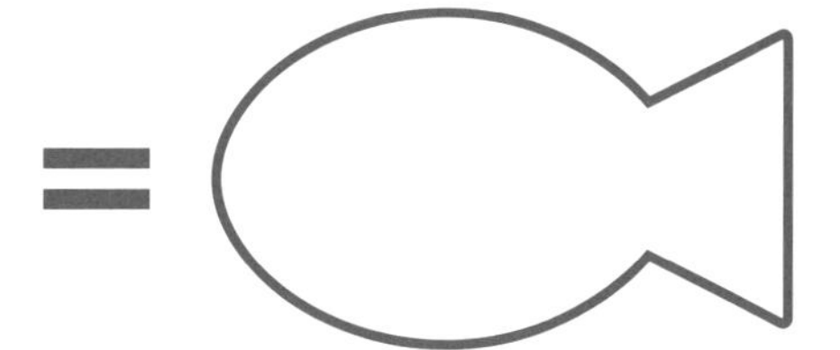

⑫　49×7

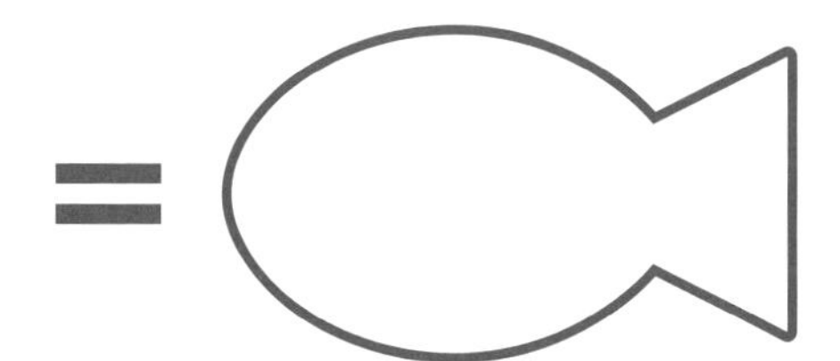

さあ、これで最後だよ。がんばって！

⑬　79 × 7

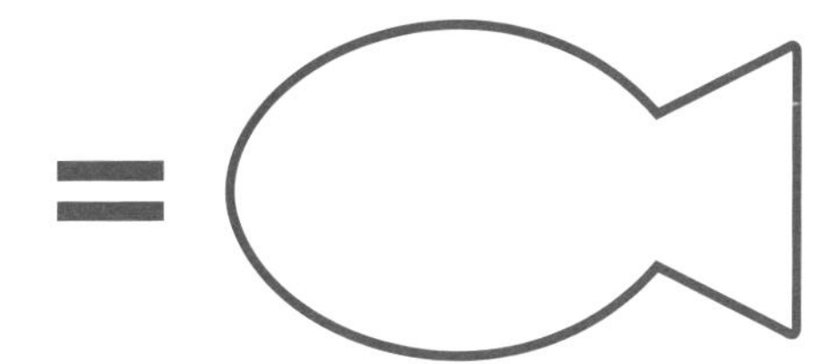

⑭　89 × 8

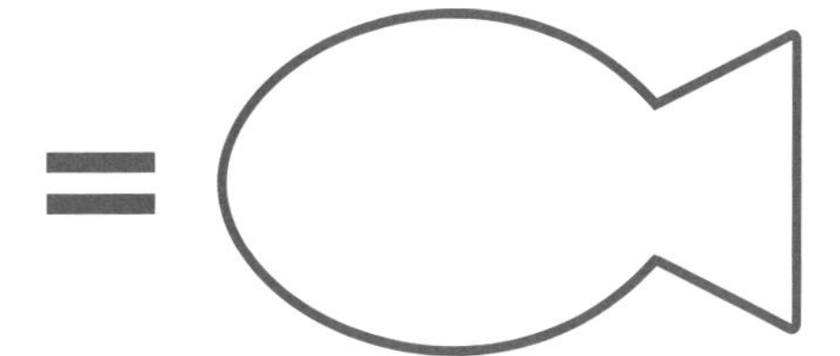

⑮　18 × 9

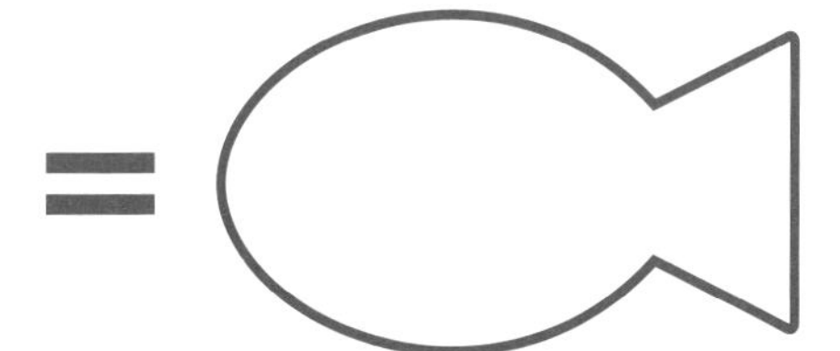

⑯　32 × 8

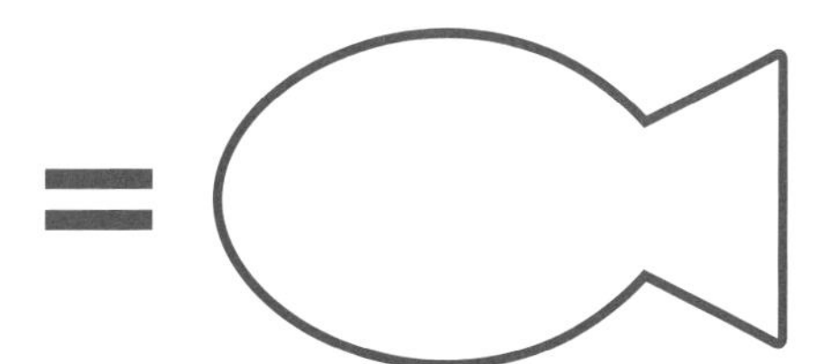

2ケタ×1ケタの暗算 確認テストだよ！

さあ、右のおさかなも消えたよ。頭の中におさかなプレートを思いうかべて
暗算にチャレンジしてみよう！（制限時間10分）

できた数を書こう！

／30

① 35 × 6 =

② 48 × 4 =

③ 32 × 6 =

④ 73 × 5 =

⑤ 27 × 6 =

⑥ 23 × 4 =

⑦ 29 × 8 =

⑧ 36 × 7 =

⑨ 65 × 6 =

⑩ 42 × 4 =

⑪ 46 × 7 =

⑫ 26 × 3 =

⑬ 37 × 9 =

⑭ 84 × 6 =

⑮ 89 × 6 =

⑯ 33 × 6 =

⑰ 64 × 7 =

⑱ 34 × 3 =

⑲ 85 × 9 =

⑳ 52 × 4 =

㉑ 54 × 3 =

㉒ 63 × 5 =

㉓ 67 × 7 =

㉔ 43 × 2 =

㉕ 23 × 8 =

㉖ 47 × 4 =

㉗ 78 × 6 =

㉘ 83 × 3 =

㉙ 72 × 8 =

㉚ 67 × 6 =

いくつできたかな？

もう1回やってみよう。
頭の中におさかなプレートを思いうかべて暗算するんだよ！（制限時間10分）

できた数を書こう！
／30

❶ 23 × 4 =

❷ 42 × 6 =

❸ 63 × 4 =

❹ 35 × 9 =

❺ 32 × 7 =

❻ 79 × 4 =

❼ 32 × 3 =

❽ 75 × 5 =

❾ 49 × 7 =

❿ 42 × 3 =

⓫ 83 × 4 =

⓬ 63 × 9 =

⓭ 45 × 4 =

⓮ 78 × 7 =

⓯ 74 × 5 =

⓰ 64 × 4 =

⓱ 53 × 8 =

⓲ 26 × 3 =

⓳ 91 × 8 =

⓴ 58 × 8 =

㉑ 92 × 4 =

㉒ 34 × 6 =

㉓ 72 × 6 =

㉔ 49 × 2 =

㉕ 12 × 2 =

㉖ 86 × 7 =

㉗ 96 × 7 =

㉘ 39 × 9 =

㉙ 46 × 6 =

㉚ 55 × 3 =

これで、2ケタ×1ケタの暗算はバッチリだね！

第2章　2ケタ×2ケタの暗算 ①

学習の目安：1.5時間

サンドイッチプレートの使い方

動画を見る

この章では、サンドイッチプレートを使った２ケタ×２ケタの計算方法を説明するよ。

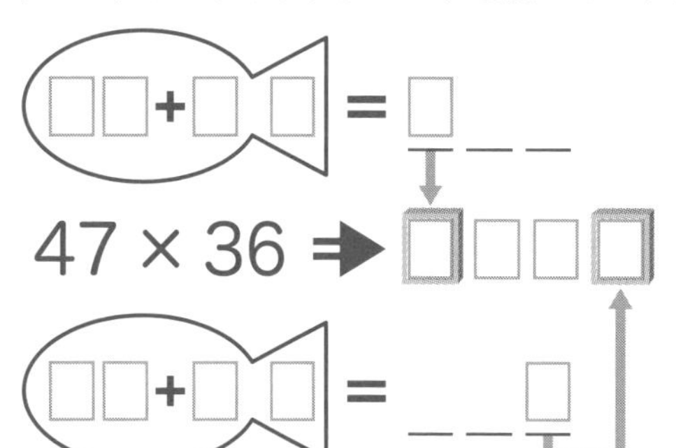

これが「サンドイッチプレート」だよ。
右には数字を書く □ があって、
左右両はしの □ はパンみたいになっている。
答えを千の位と一の位の「パン」ではさむから
「サンドイッチ」なんだ。
サンドイッチプレートは、２ケタ×２ケタの
千の位の数字と一の位の数字が出せれば OK だよ。

じゃあ、ためしに問題をやってみよう。

47 × 36

まず、47とかける数の十の位 3 の
かけ算をしよう。上のおさかなプレートを
使うよ。
もう、かんたんだね。答えは 141 だ。
この 141 の百の位の 1 を左のパンに
書こう。

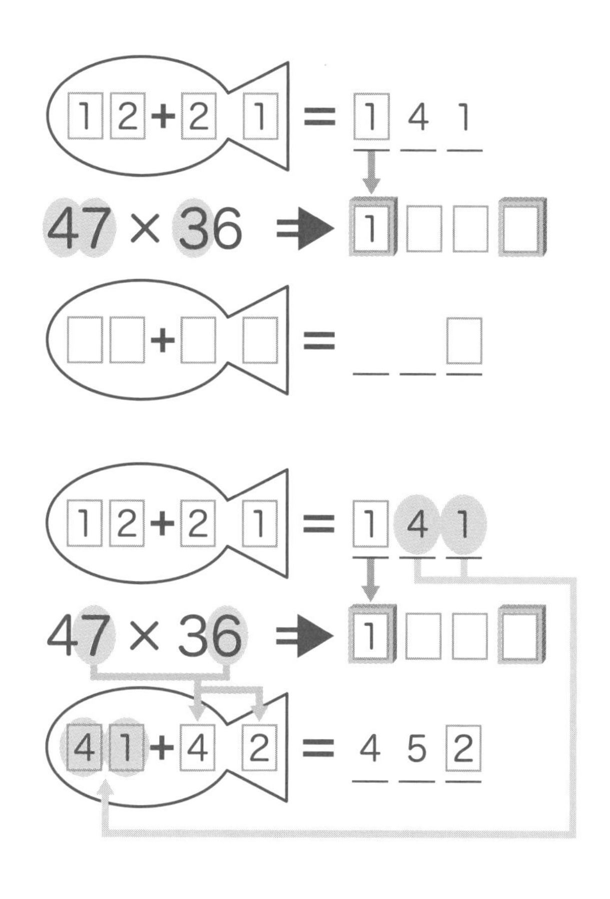

次は、141の下の２ケタ 41 を
下のおさかなプレートの胴体部分の
左側に書く。
そして、それぞれの一の位の数の
かけ算をする。
7 × 6 = 42
この 4 を胴体部分の右側に、
2 をしっぽに書こう。
そうすると、下のおさかなプレートの
答えは 452 になる。

最後に、452 の一の位の 2 を右側のパンに
書く。
かんたんでしょ？

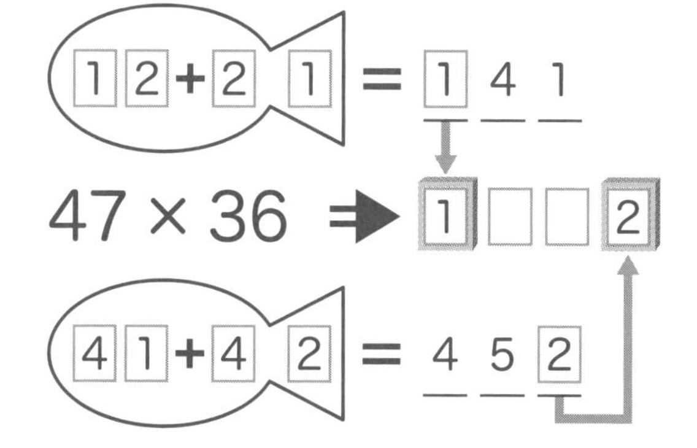

百の位の数字と十の位の数字の求め方は、
第３章、第４章と進めていくとわかるよ。

サンドイッチプレートのいろいろなパターン

パターン 1

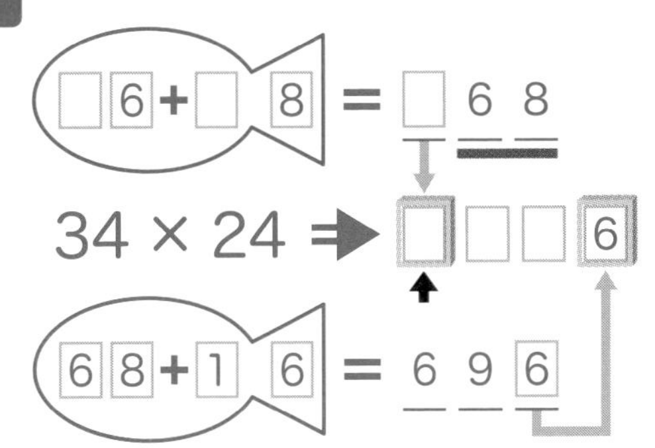

上のおさかなプレートの答えが68で、百の位がない。
こんなときは、左のパンにはなにも書かなくていいんだ。

パターン 2

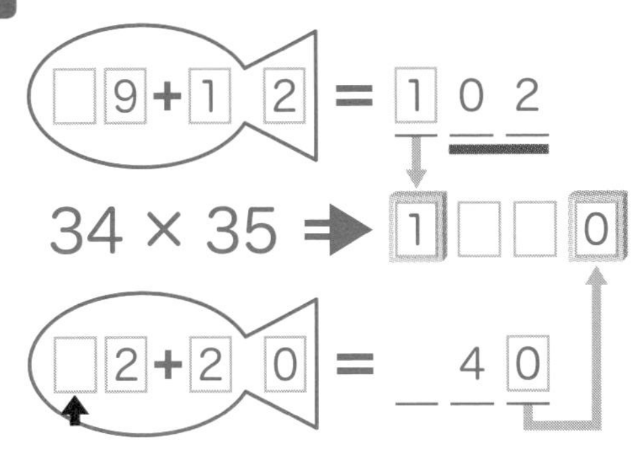

上のおさかなプレートの答えは102。
十の位は0だ。
こんな場合は、下の2ケタを下のおさかなプレートに書くとき、左の□にはなにも書かなくていい。
2だけ書こう。

パターン 3

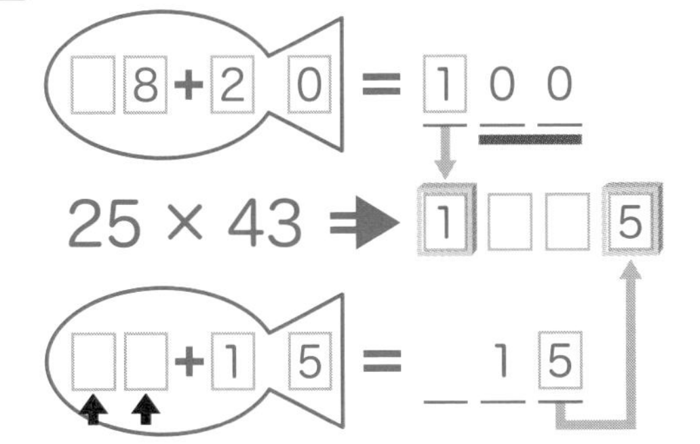

上のおさかなプレートの答えは100。
下の2ケタは00だ。
こんなときは、胴体の左の2つの□にはなにも書かなくていいんだ。

パターン 4

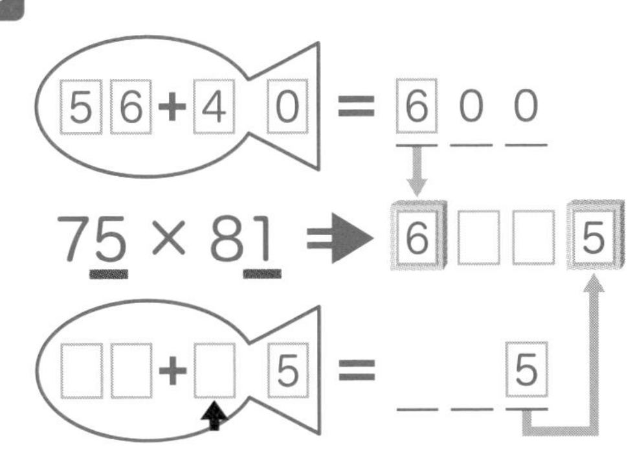

上のおさかなプレートの答えは600。
下の2ケタは00だ。
一の位どうしをかけると5。十の位の数字はない。
この場合は、下のおさかなプレートの胴体部分にはなにも書かなくていいよ。

サンドイッチプレートの使い方はわかったかな？

サンドイッチプレートの使い方を練習しよう！ その1

じゃあ、問題だよ。

おさかなプレートとサンドイッチプレートに数字を書き入れながらやってみよう！

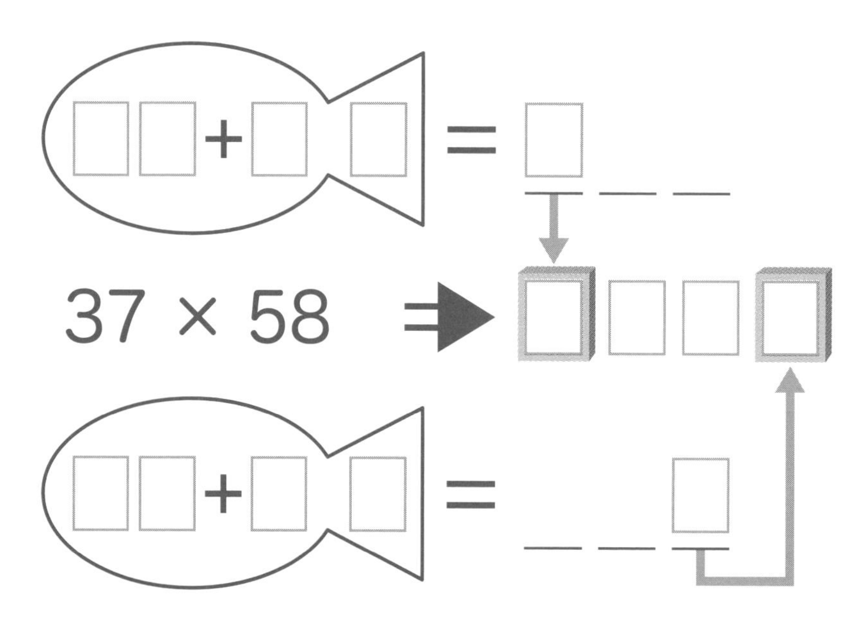

まず、かけられる数 37 とかける数の十の位 5 のゴースト暗算を
上のおさかなプレートでやってみよう。

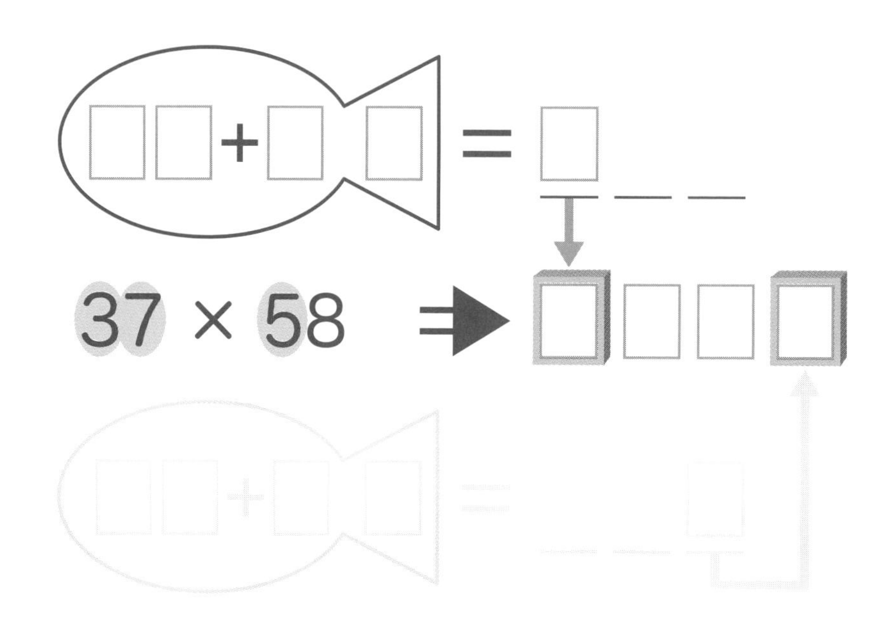

答えは 185 だね。
185 の百の位の数字 1 を左のパンに書こう。
そして、下 2 ケタの 85 を下のおさかなプレートの胴体の左側に書く。
ここまでは、いいかな？

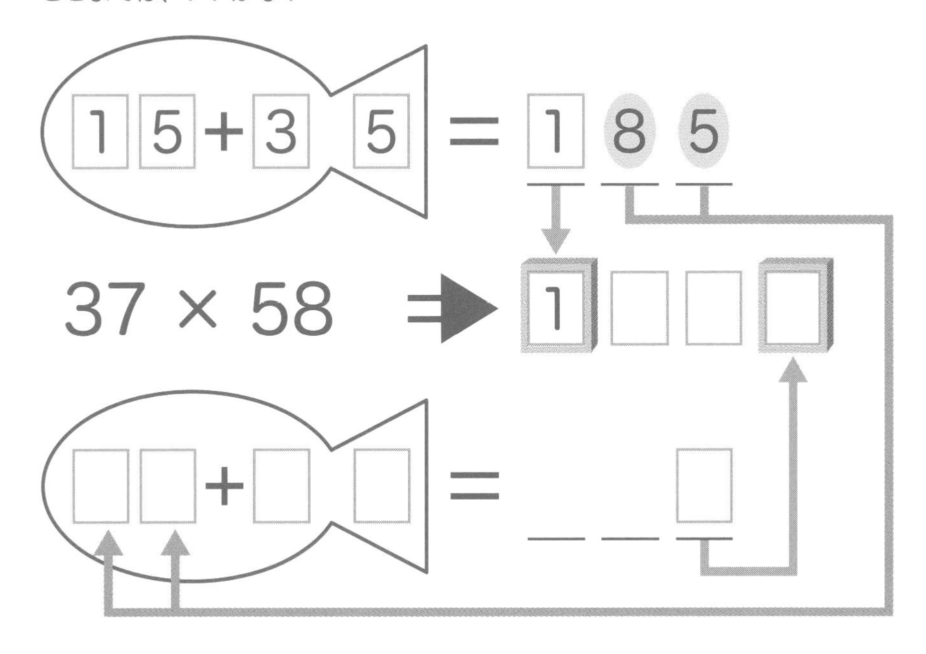

次に、かけられる数 37 とかける数 58 の一の位の数字どうしをかける。
7 × 8 ＝ 56　だね。
この 56 を胴体の右側としっぽに書き入れる。
そうすると、下のおさかなプレートの答えは 906 になる。
906 の一の位の数字 6 を右側のパンに書いて完成！

15+3 5 ＝ 185
37 × 58 ⇒ 1 6
85+5 6 ＝ 906

サンドイッチプレートの使い方を練習しよう！ その2

じゃあ、次の問題だよ。

おさかなプレートとサンドイッチプレートに数字を書き入れながらやってみよう！

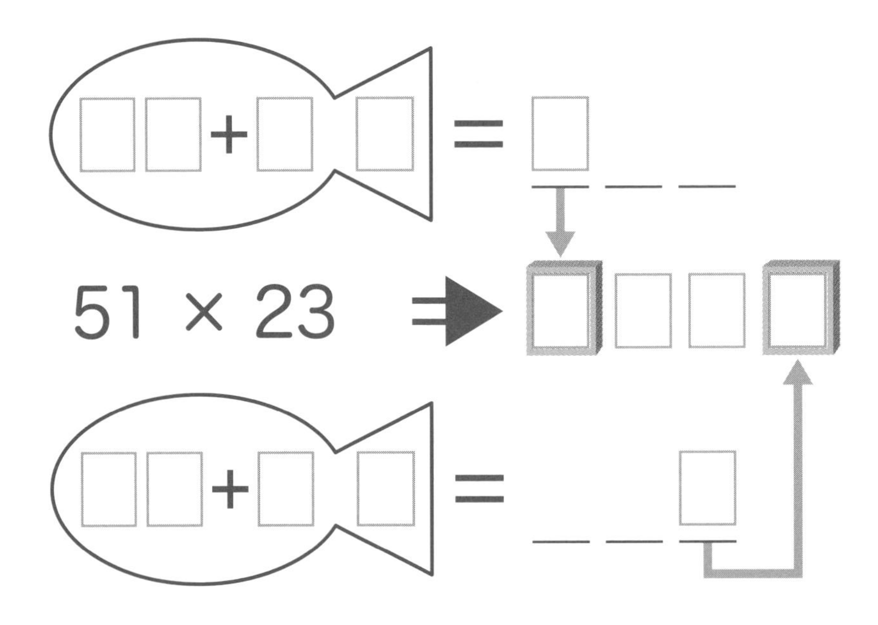

まず、かけられる数 51 とかける数の十の位 2 のゴースト暗算を
上のおさかなプレートでやってみよう。

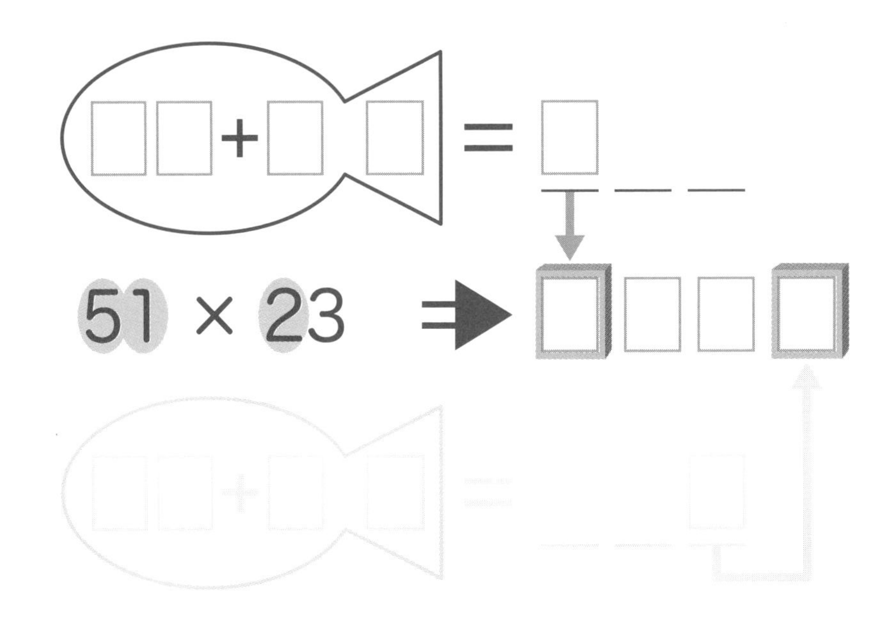

答えは 102 だね。
102 の百の位の数字 1 を左のパンに書こう。
そして、下 2 ケタの 02 を下のおさかなプレートの胴体の左側に書く。
このとき、いちばん左の □ にはなにも書かなくていいよ（0 だからね）。

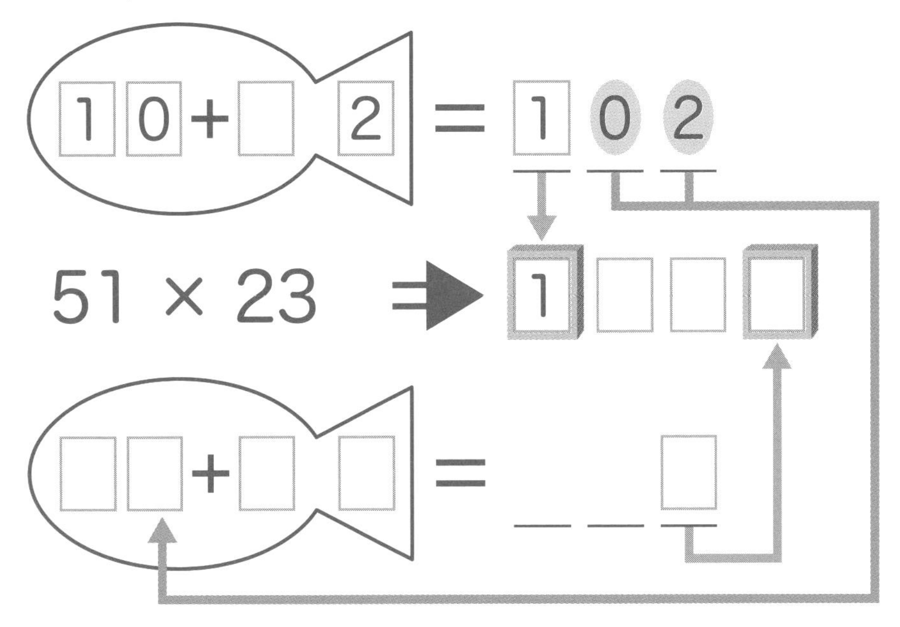

次に、かけられる数 51 とかける数 23 の一の位の数字どうしをかける。
1 × 3 = 3　だね。
この 3 をしっぽに書き入れる。胴体のいちばん右にはなにも書かないよ（0 だからね）。
そうすると、下のおさかなプレートの答えは 23 になる。
23 の一の位の数字 3 を右側のパンに書いて完成！

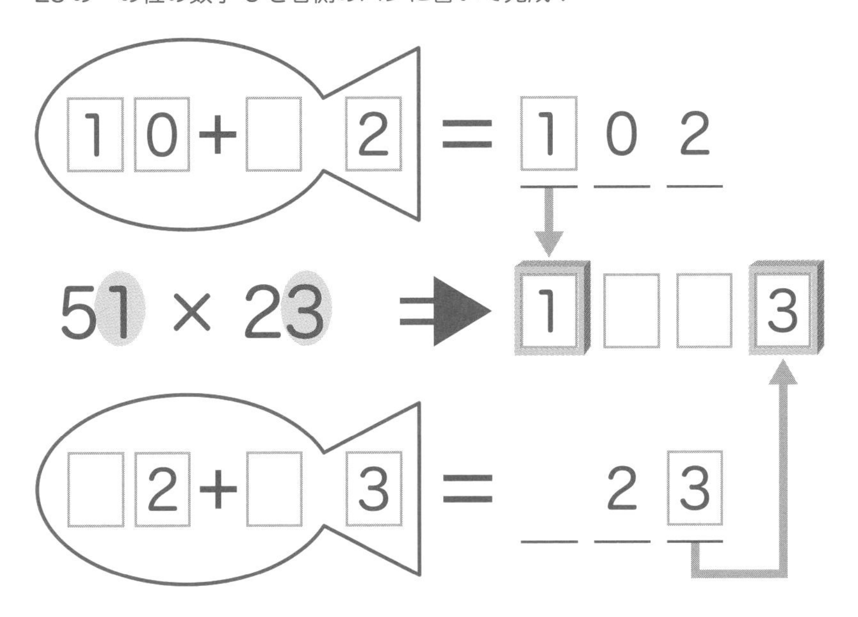

だんだん、コツがつかめてきたかな？

サンドイッチプレートの使い方を練習しよう！ その3

もう１問、練習してみよう。

おさかなプレートとサンドイッチプレートに数字を書き入れながらやってみよう！

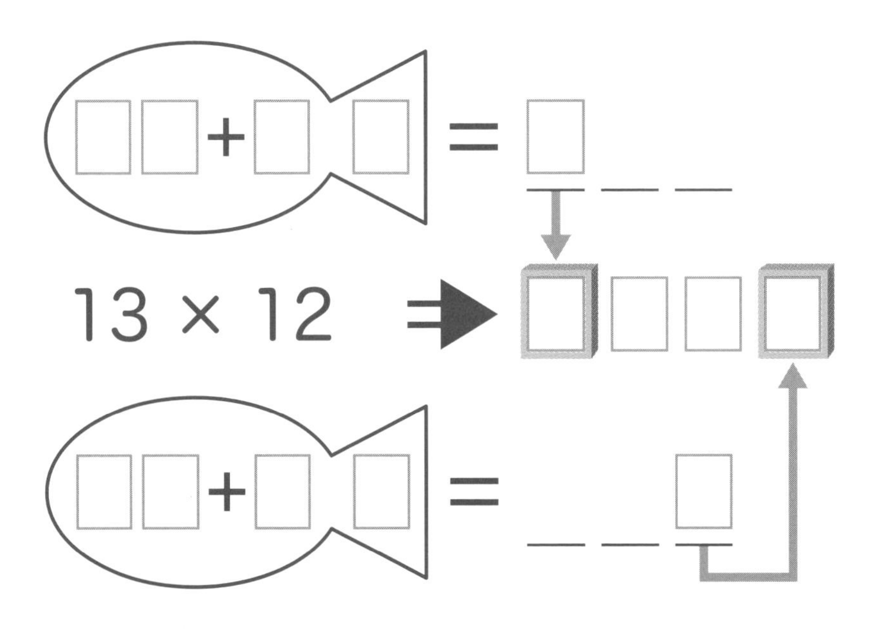

まず、かけられる数 13とかける数の十の位 １のゴースト暗算を

上のおさかなプレートでやってみよう。

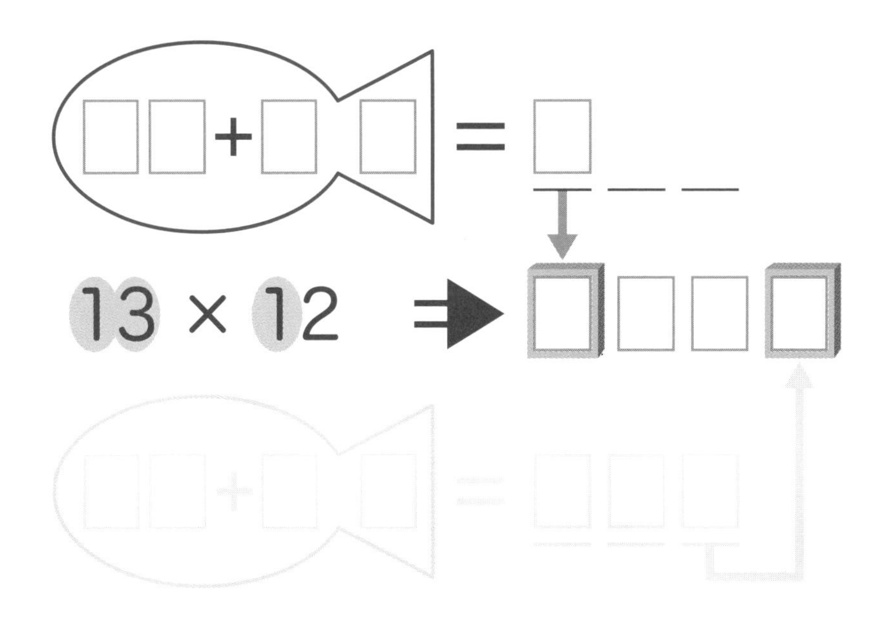

答えは 13 だね。
百の位はないから、左のパンには、なにも書かないよ。
そして、下2ケタの 13 を下のおさかなプレートの胴体の左側に書く。

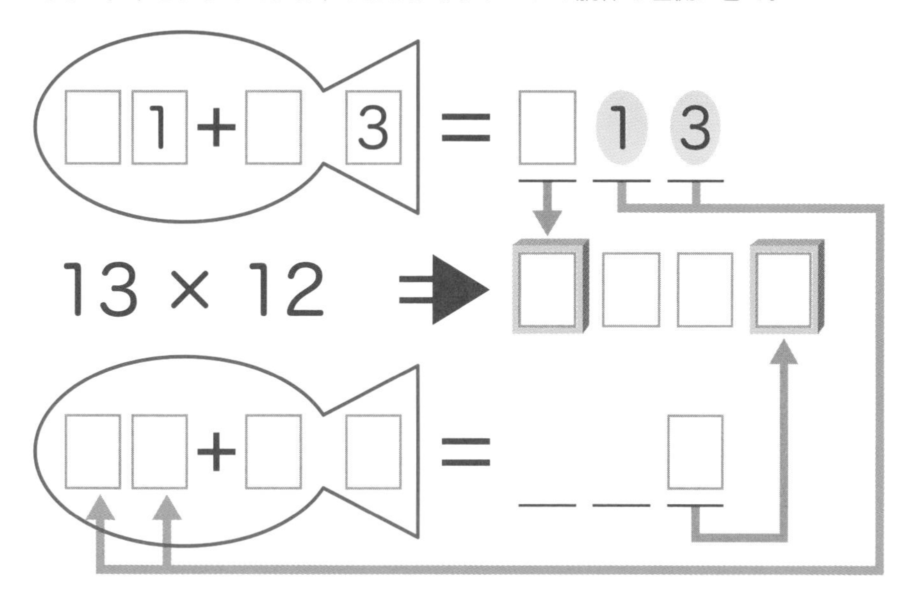

次に、かけられる数 13 とかける数 12 の、それぞれの一の位の数字をかける。
3 × 2 = 6　だね。
この 6 をしっぽに書き入れる。前のページと同じで、胴体のいちばん右には
なにも書かないよ (0 だからね)。
そうすると、下のおさかなプレートの答えは 136 になる。
136 の一の位の数字 6 を右側のパンに書いて完成！

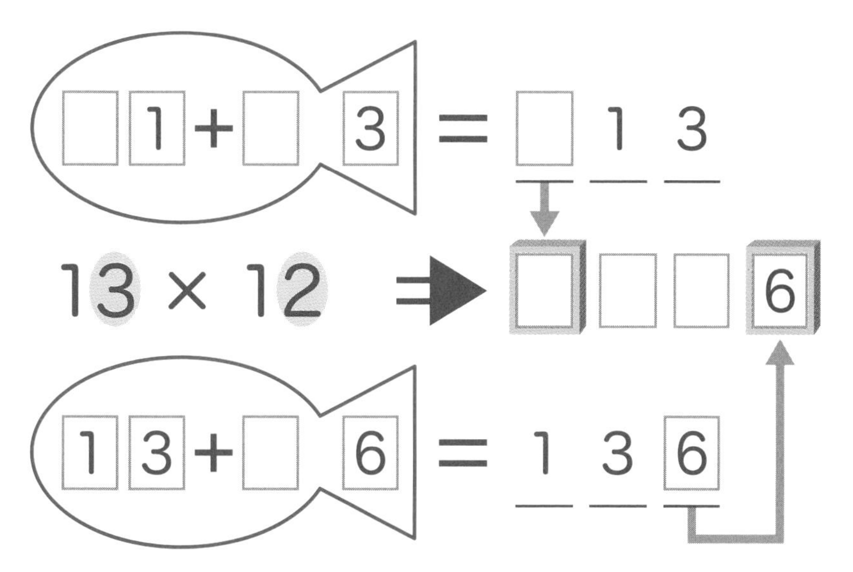

どう？　サンドイッチプレートの使い方は、わかったかな？
じゃあ、次のページからは練習問題だ！

サンドイッチプレートを使った計算だよ！

サンドイッチプレートを使った計算をしてみよう。
ひとつひとつ、順番どおりに計算するんだよ。

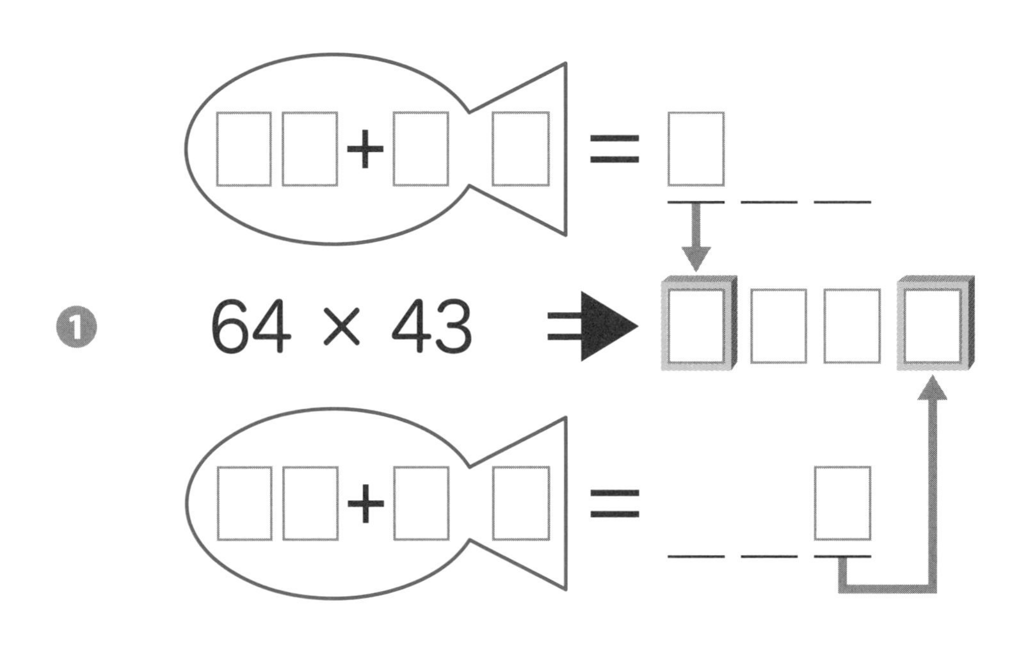

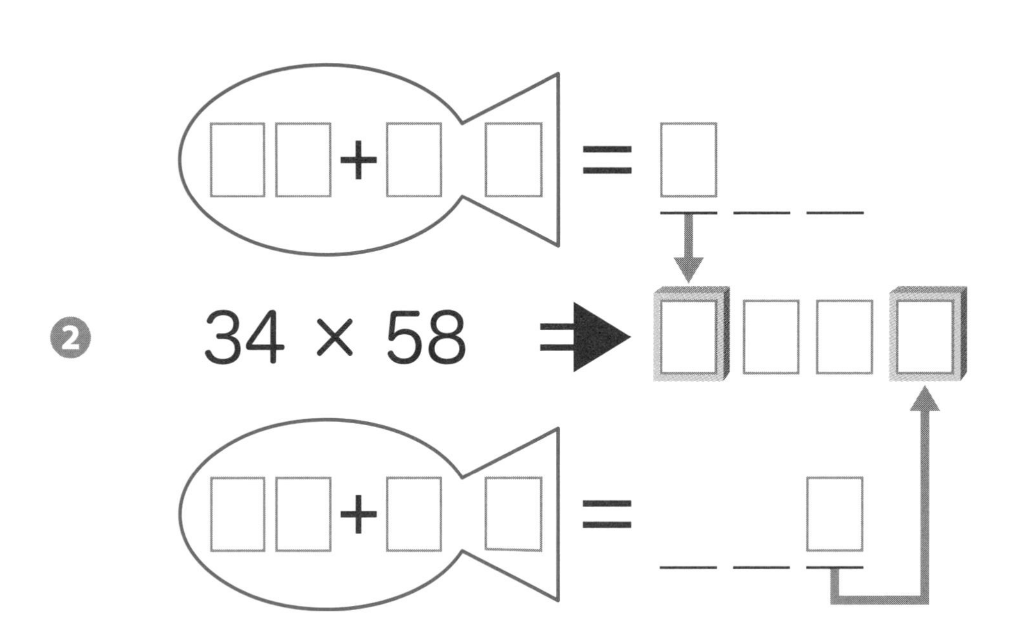

もう、やり方は覚えたよね。

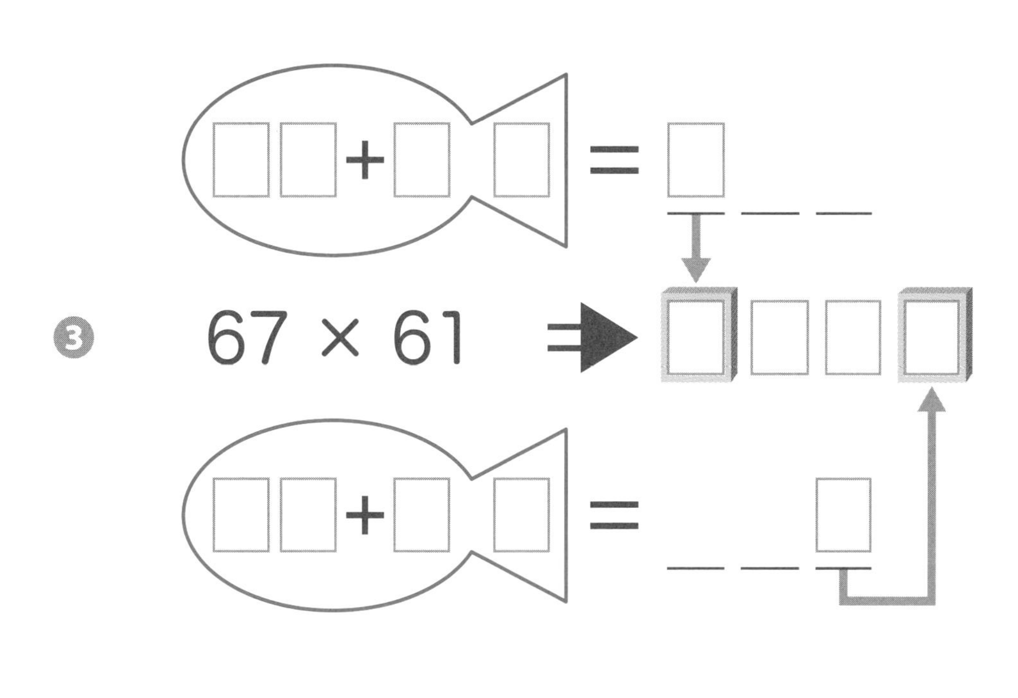

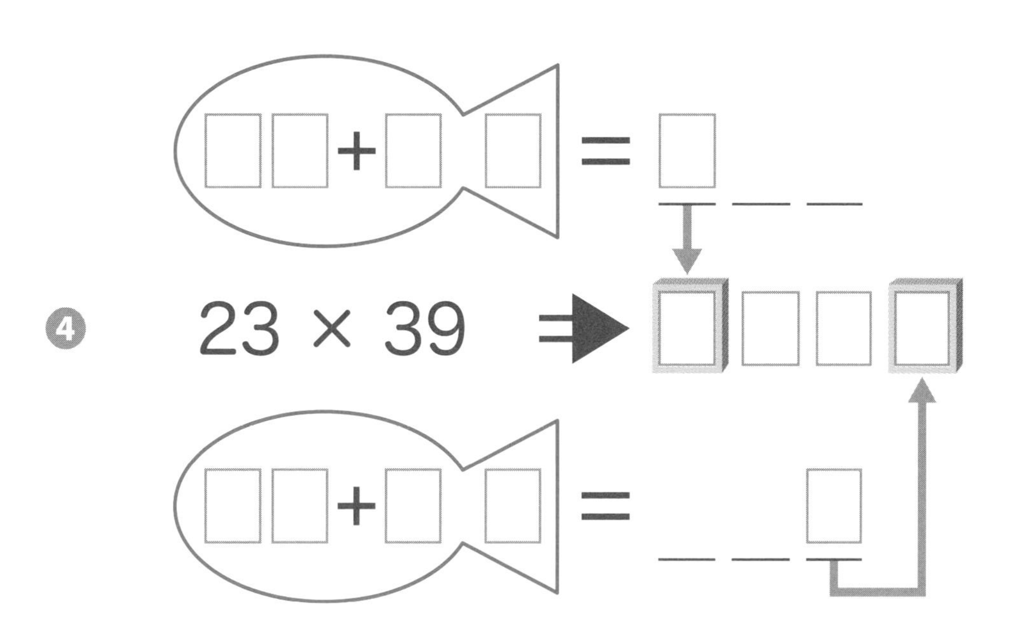

サンドイッチプレートを使った計算をもっとやってみよう！

サンドイッチプレートを使った計算にも慣れてきかな？
もっともっとやって、早く慣れよう！

❶ 46 × 34

❷ 23 × 45

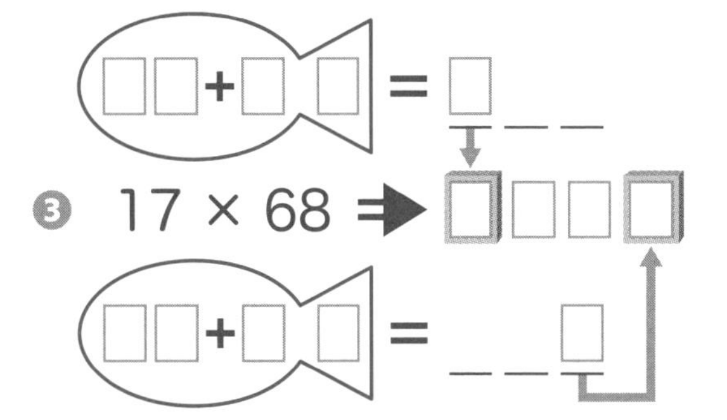

❸ 17 × 68

❹ 13 × 49

❺ 26 × 56

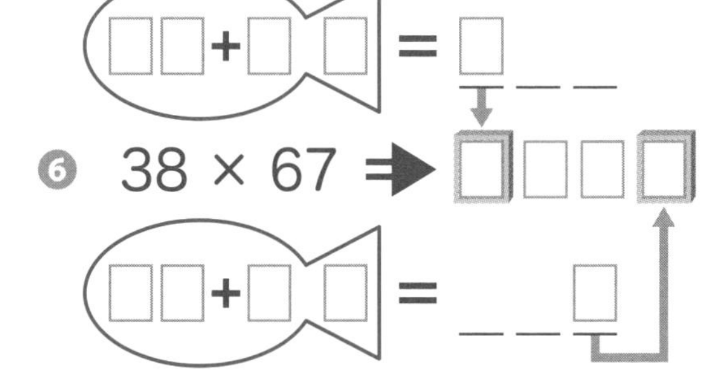

❻ 38 × 67

❼ 81 × 34

❽ 63 × 87

□□+□□ = □

⑨ 35 × 42 ➡ □□□□

□□+□□ = □

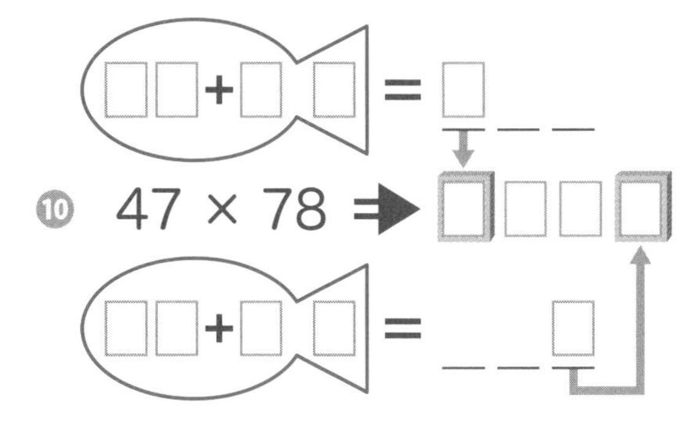

□□+□□ = □

⑪ 27 × 37 ➡ □□□□

□□+□□ = □

□□+□□ = □

⑫ 13 × 99 ➡ □□□□

□□+□□ = □

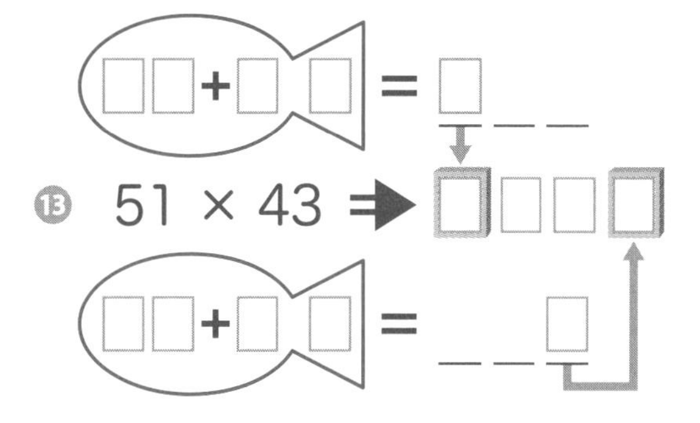

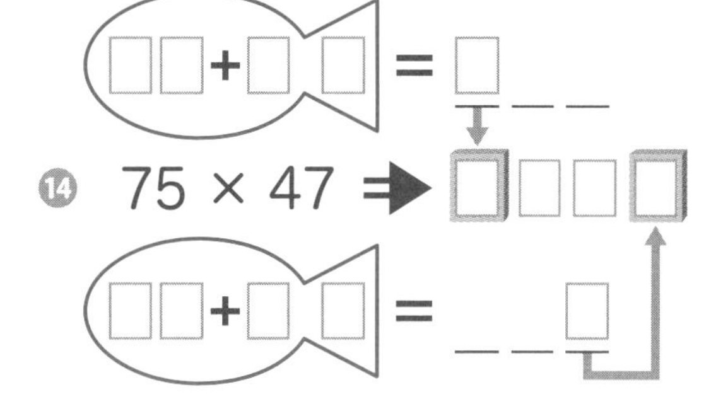

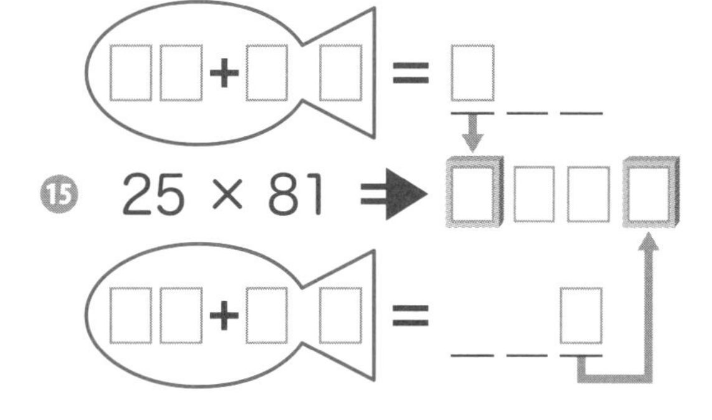

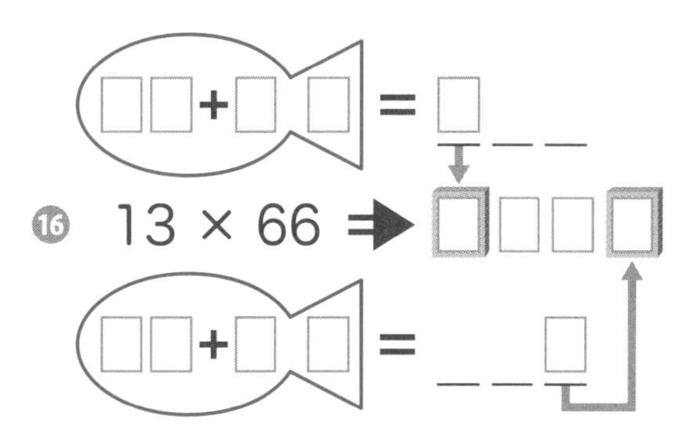

ふう〜。がんばったね。

サンドイッチプレートはあるけど、使わないで計算するよ!

ちょっとむずかしくなってきたよ。今度は、サンドイッチプレートの上下のおさかなの □ には数字を書かないで、頭の中で色のうすくなったプレートの □ の中に数字を思いうかべながら計算しよう。例のようにやってみてね。

例　26 × 53 ⇒ 1 □ □ 8

= 1 3 0

= 3 1 8

❶　23 × 45 ⇒ □ □ □ □

❷　37 × 83 ⇒ □ □ □ □

❸　24 × 42 ⇒ □ □ □ □

❹　41 × 69 ⇒ □ □ □ □

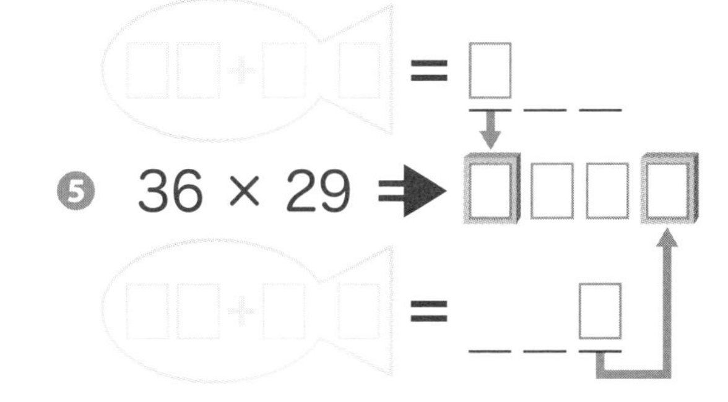

❺　36 × 29 ⇒ □ □ □ □

❻　32 × 97 ⇒ □ □ □ □

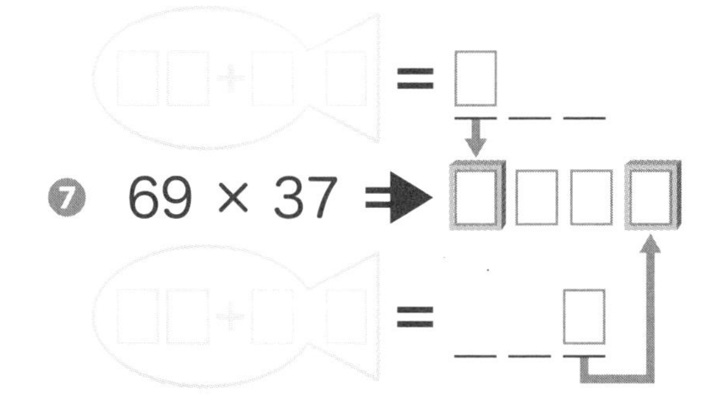

❼　69 × 37 ⇒ □ □ □ □

⑧ 36 × 28 ➡ □□□□

⑨ 32 × 72 ➡ □□□□

⑩ 67 × 35 ➡ □□□□

⑪ 47 × 38 ➡ □□□□

⑫ 73 × 32 ➡ □□□□

⑬ 25 × 48 ➡ □□□□

⑭ 76 × 87 ➡ □□□□

⑮ 96 × 78 ➡ □□□□

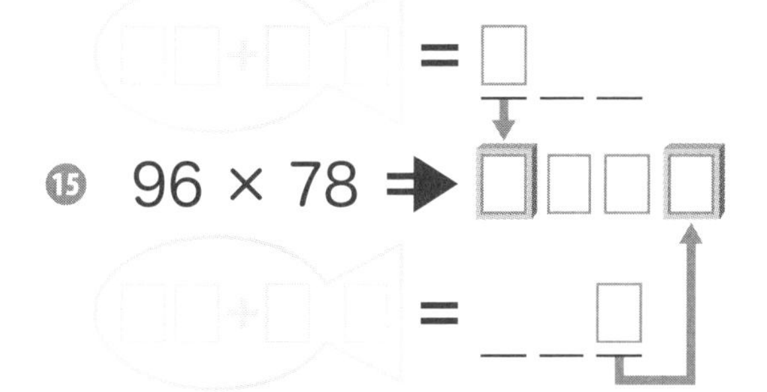

数字を書きこむのは、左右のパンだけ！

さらにむずかしくなるよ。今度は、頭の中でプレートや右上と右下の３ケタの□の中に数字を思いうかべながら計算して、２つのパンに千の位の数字と一の位の数字を書いてみよう。例のようにやってみてね。

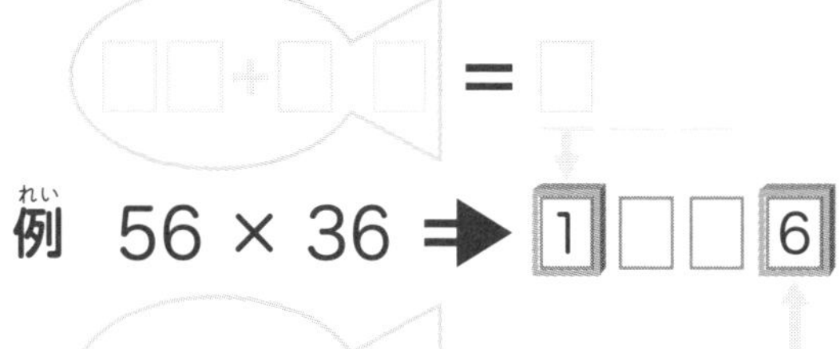

例　56 × 36 ⇒ 1□□6

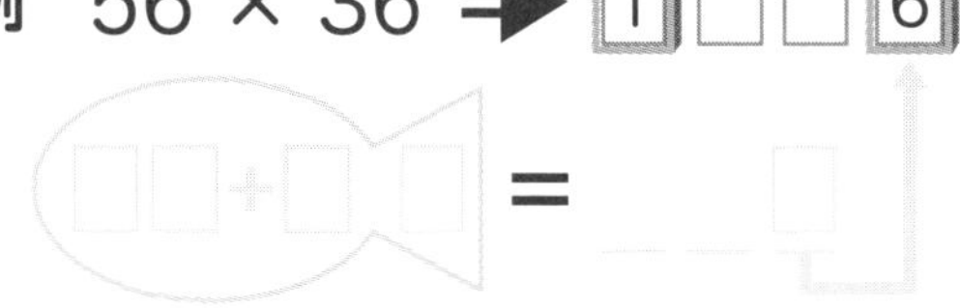

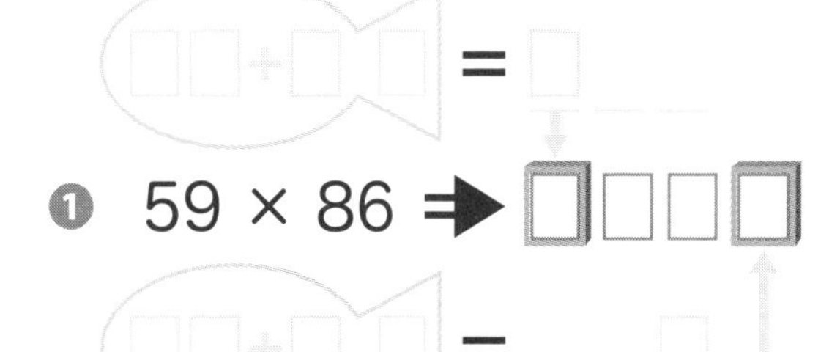

❶　59 × 86 ⇒ □□□□

❷　56 × 92 ⇒ □□□□

❸　48 × 82 ⇒ □□□□

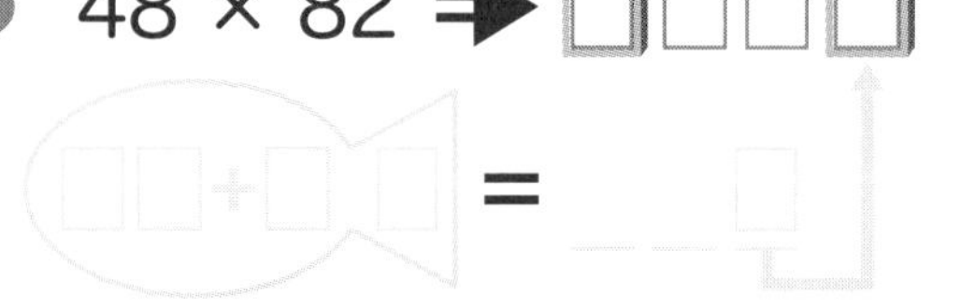

❹　37 × 42 ⇒ □□□□

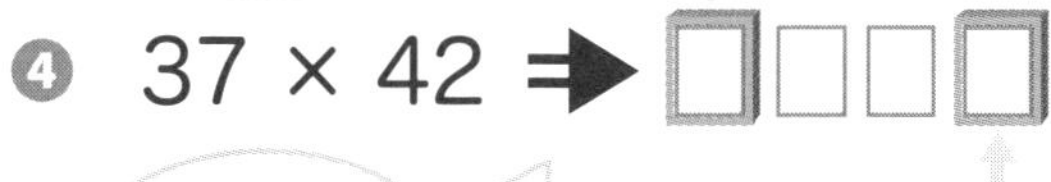

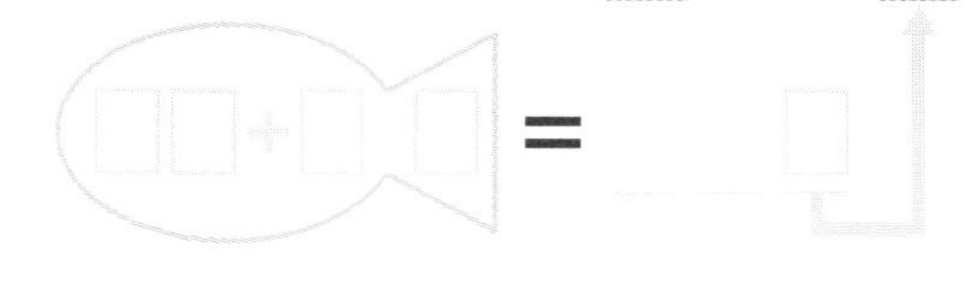

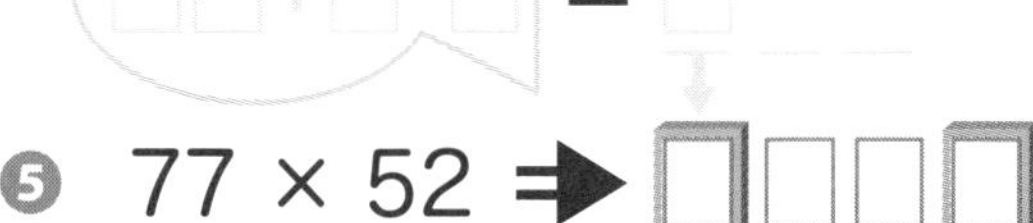

❺　77 × 52 ⇒ □□□□

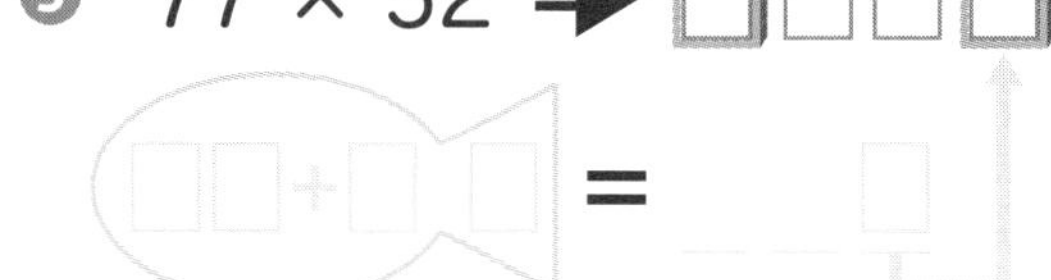

❻　39 × 38 ⇒ □□□□

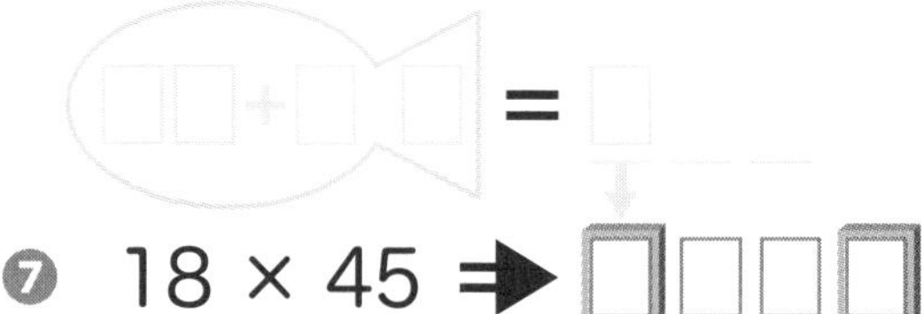

❼　18 × 45 ⇒ □□□□

❽ 37 × 21 ➡ □□□□

❾ 75 × 81 ➡ □□□□

❿ 76 × 93 ➡ □□□□

⓫ 77 × 48 ➡ □□□□

⓬ 78 × 83 ➡ □□□□

⓭ 94 × 52 ➡ □□□□

⓮ 76 × 87 ➡ □□□□

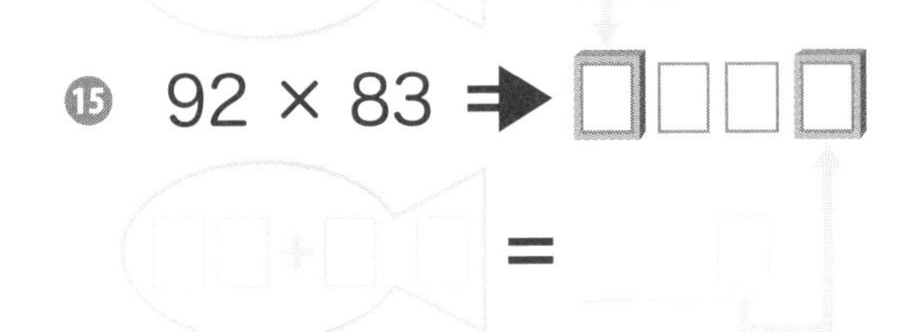

⓯ 92 × 83 ➡ □□□□

上のおさかなプレートが消えたよ！

上のおさかなプレートが消えてしまった。頭の中におさかなプレートを思いうかべて、計算してみよう。書くのは、答えの左右のパンの数字だけだよ。

❶ 26 × 56 ➡ □□□□

❷ 64 × 87 ➡ □□□□

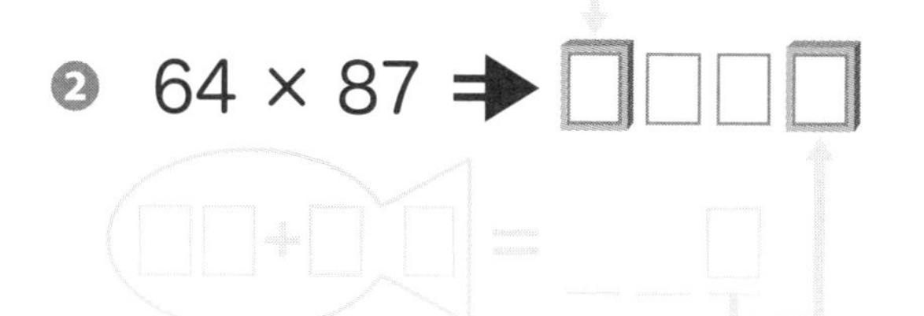

❸ 23 × 45 ➡ □□□□

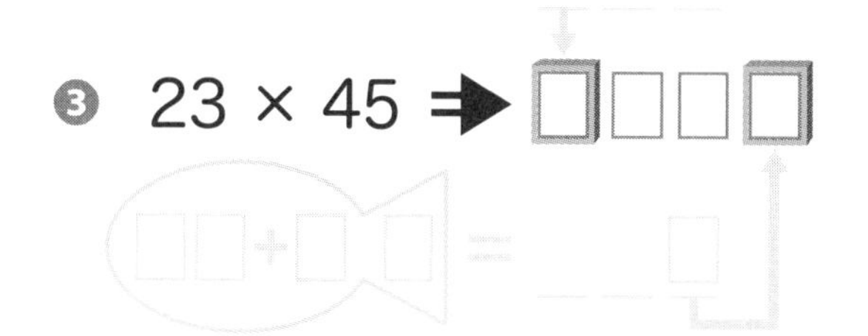

❹ 17 × 68 ➡ □□□□

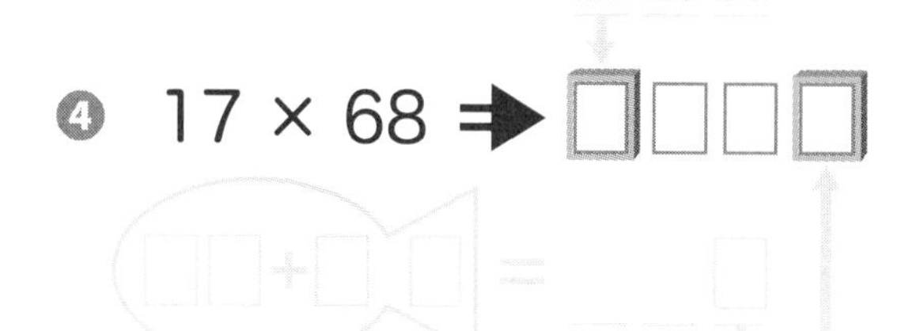

❺ 12 × 36 ➡ □□□□

❻ 38 × 67 ➡ □□□□

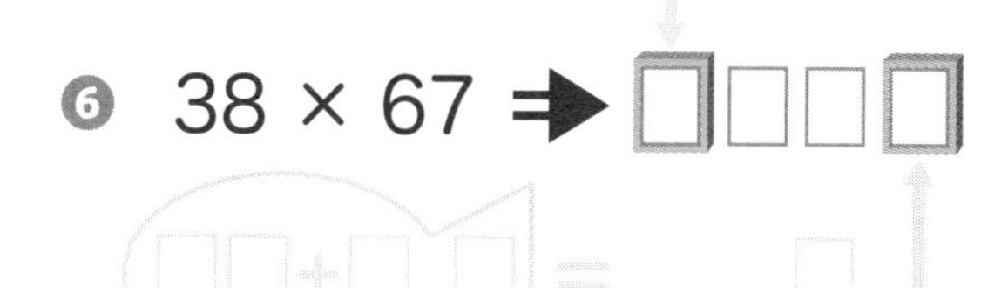

❼ 81 × 34 ➡ □□□□

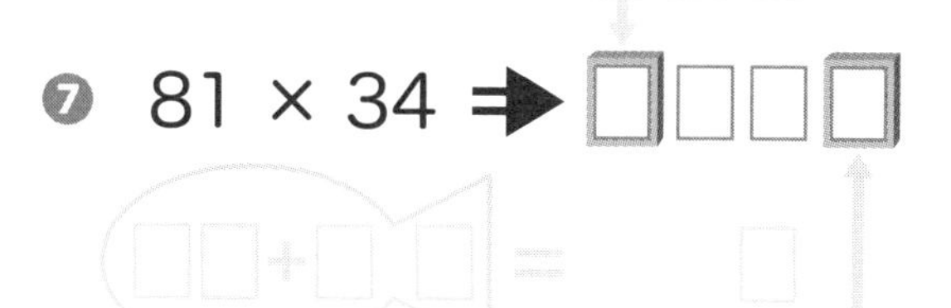

❽ 13 × 92 ➡ □□□□

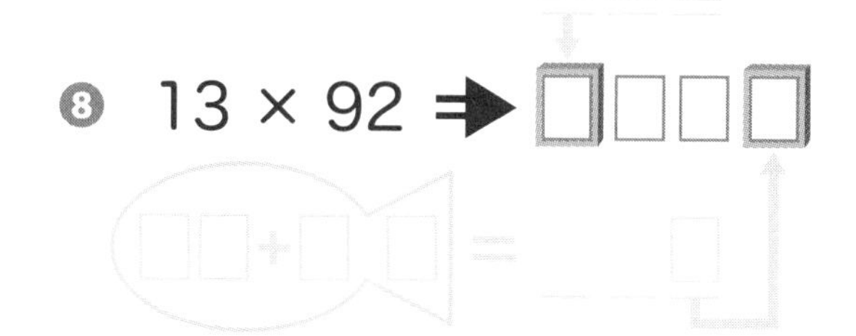

右上の3ケタの□も消えたよ！

頭の中におさかなプレートを思いうかべるのがポイントだよ。
書くのは、答えの左右のパンの数字だけだよ。

❶ 35 × 42 ➡ □□□□

❷ 47 × 78 ➡ □□□□

❸ 26 × 87 ➡ □□□□

❹ 13 × 99 ➡ □□□□

❺ 51 × 43 ➡ □□□□

❻ 54 × 12 ➡ □□□□

❼ 17 × 67 ➡ □□□□

❽ 13 × 66 ➡ □□□□

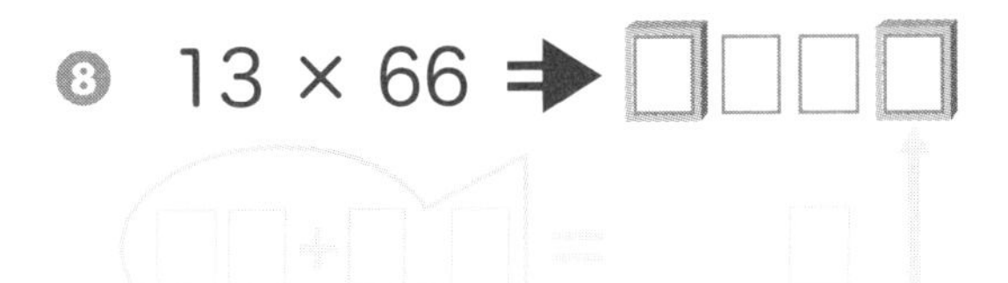

下のおさかなプレートも消えたよ！

今度は、下のおさかなプレートも消えたよ。頭の中におさかなプレートを
思いうかべるのがポイントだよ。まずは、ゆっくりやってみよう。
書くのは、答えの左右のパンの数字だけだよ。

❶ 26 × 53 ➡ □□□□

❷ 34 × 87 ➡ □□□□

❸ 37 × 83 ➡ □□□□

❹ 24 × 42 ➡ □□□□

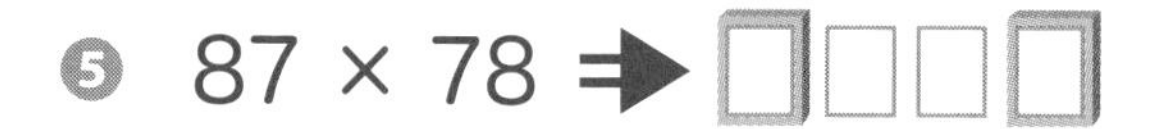

❺ 87 × 78 ➡ □□□□

❻ 36 × 29 ➡ □□□□

❼ 32 × 97 ➡ □□□□

❽ 69 × 37 ➡ □□□□

ゴースト暗算にチャレンジ！

サンドイッチプレートの最後の仕上げだよ。頭の中におさかなプレートを
思いうかべながらやってみよう。書くのは、答えの左右のパンの数字だけだよ。
少しずつスピードアップしようね。

❶ 26 × 56 ➡ 

❺ 15 × 58 ➡ 

❷ 23 × 45 ➡

❻ 38 × 67 ➡

❸ 17 × 68 ➡

❼ 63 × 83 ➡

❹ 15 × 45 ➡

❽ 64 × 87 ➡

第3章　2ケタ×2ケタの暗算 ②

学習の目安：1.5時間

スペースシャトルプレートの使い方

この章では、スペースシャトルプレートを使った計算方法を説明するよ。

動画を見る

$6 \times 6 + 7 \times 8$

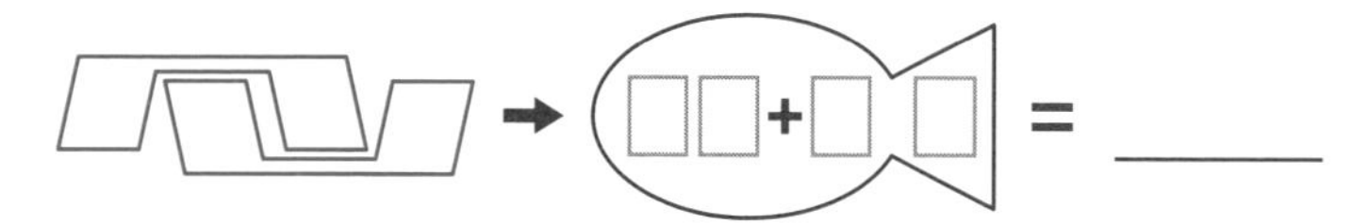

これが「スペースシャトルプレート」。問題の下に電話の受話器みたいな形のものが、上下でたがいちがいに重なっているよ。

「なんだか、スペースシャトルみたい」ってことで「スペースシャトルプレート」だよ。
そして、右には、もうおなじみのおさかなプレートだ。
スペースシャトルプレートは、1ケタ×1ケタ＋1ケタ×1ケタ　の答えを導くためのもので、次のステップ（第4章）でだいじな役割を果たすんだ。

まず、問題をやってみよう。

$6 \times 6 + 7 \times 8$

まず、左のかけ算 6 × 6 の答え 36 を スペースシャトルプレートの左に書こう。

$6 \times 6 + 7 \times 8$
$= 36$

3　6

次に、右のかけ算 7 × 8 の答え 56 を右に書くんだ。
これで、スペースシャトルプレートの全部に数字が乗ったね。

$6 \times 6 + 7 \times 8$
$= 56$

3　6　5　6

そうしたら、同じスペースシャトルに乗った数字をたし算をするよ。
まず、上のシャトルは 3 + 5 = 8 だ。
この8を08と考えて、おさかなプレートの胴体の左に書き入れよう。

$6 \times 6 + 7 \times 8$

3　6　5　6 ➡ 8 + 1　2 = 92

次に下のシャトルの 6 + 6 = 12 をおさかなプレートの胴体の右はしとしっぽに書き入れる。
だから、6 × 6 + 7 × 8 の答えは92だよ。

スペースシャトルプレートのいろいろなパターン

パターン 1

$$2 \times 3 + 7 \times 6$$

6　4　2 ➡ □4＋□8 ＝ 48

左のかけ算 2 × 3 の答えは6で、十の位がない。その場合、シャトルのいちばん左側にはなにも書かない。右のかけ算 7 × 6 の答え 42 を右側に書き入れて、シャトルどうしのたし算をする。

上のシャトルは 0 + 4 と同じことだから4。下のシャトルも 6 + 2 = 8 だからしっぽに8を書くだけ。
答えは、48 になるね。

パターン 2

$$9 \times 8 + 4 \times 1$$

7　2　4 ➡ □7＋□6 ＝ 76

まず、左のかけ算 9 × 8 の答え 72 をシャトルの左側に書く。
右のかけ算 4 × 1 の答えは 4 で、十の位がない。だから、上のシャトルの右側にはなにも書かない。
上のシャトルは 7＋ 0 と同じだから、おさかなプレートには7と書くだけ。下のシャトルも 2 + 4 = 6だから、しっぽに 6 を書くだけ。
答えは、76 だね。

パターン 3

$$2 \times 4 + 3 \times 2$$

8　6 ➡ □□＋1 4 ＝ 14

この場合は、どちらも右側だけ、シャトルに数字を書きこむ。
すると、上のシャトルには数字がない。これは0 + 0 と同じことなので、おさかなプレートの左側の □□ には、なにも書かない。
下のシャトルは8 + 6 = 14 なので、胴体の右に 1、しっぽに4を書き入れる。
答えは、14 だね。

パターン 4

$$3 \times 1 + 1 \times 2$$

3　2 ➡ □□＋□5 ＝ 5

最後に、こんなパターンだ。
左のかけ算は 3 × 1 = 3、右のかけ算は 1 × 2 = 2 で、どちらの答えも十の位がない。
この場合は、どちらも右側だけ、シャトルに数字を書きこむ。上のシャトルになにも数字が書かれていないから、パターン３と同じだ。
下のシャトルは 3 + 2 = 5 なので、おさかなプレートのしっぽに5を書くだけ。
けっきょく、胴体部分はなにも書かれていないので 0、しっぽの 5 だけが書かれているから、答えは5になる。

スペースシャトルプレートの使い方を練習しよう！ その1

じゃあ、練習問題だよ。

スペースシャトルプレートに数字を書き入れながらやってみよう！

2 × 3 + 5 × 2

まず、左のかけ算をするよ。

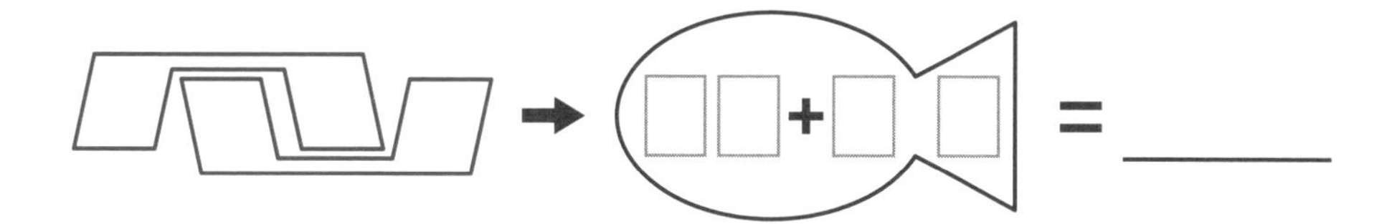

2 × 3 = 6

1ケタなので、スペースシャトルプレートの左側に右につめて 6 を書くよ。

次に、右のかけ算をしよう。

2 × 3 + 5 × 2

6 → □□+□ □ = ＿＿＿

5 × 2 = 10

スペースシャトルプレートの右側に 10 を書こう。

次に、同じシャトルに乗った数字のたし算をするよ。

2 × 3 + 5 × 2

6 1 0 → □□+□ □ = ＿＿＿

上のシャトルは 0 + 1 = 1 だから、おさかなプレートの胴体に 1 を書く。

下のシャトルは 6 + 0 = 6 だから、しっぽに 6 を書くだけだね。

2 × 3 + 5 × 2

6 1 0 → □1+□ 6 = 16

だから、答えは 16 。

スペースシャトルプレートの使い方を練習しよう！ その2

もう1問、練習問題だよ。
スペースシャトルプレートに数字を書き入れながらやってみよう！
かけ算の答えが1ケタのときは、注意しよう。

8 × 7 + 3 × 1

まず、左のかけ算をするよ。

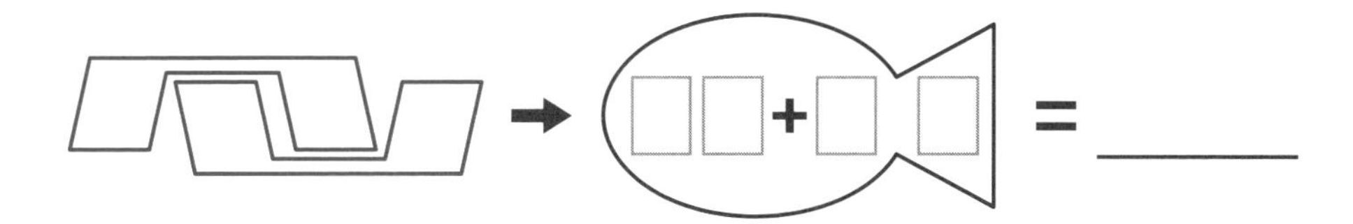

8 × 7 = 56
スペースシャトルプレートの左側に 56 を書くよ。
次に、右のかけ算だ。

8 × 7 + 3 × 1

3 × 1 = 3
1ケタなので、スペースシャトルプレートの右側に、右につめて3を書こう。
次に、同じシャトルに乗った数字のたし算をするよ。

8 × 7 + 3 × 1

上のシャトルは 5 + 0 = 5 だから、おさかなプレートの胴体に 5 を書く。
下のシャトルは 6 + 3 = 9 だから、しっぽに 9 を書くだけだね。

8 × 7 + 3 × 1

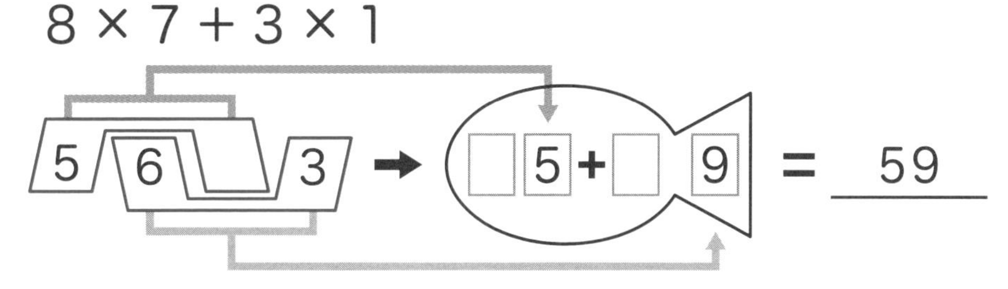

だから、答えは 59 。

スペースシャトルプレートの使い方を練習しよう！ その3

まだまだ、練習問題をするよ。
スペースシャトルプレートに数字を書き入れながらやってみよう！
かけ算の答えが１ケタのときは、どうするんだっけ？

3 × 2 ＋ 2 × 3

まず、左のかけ算をするよ。

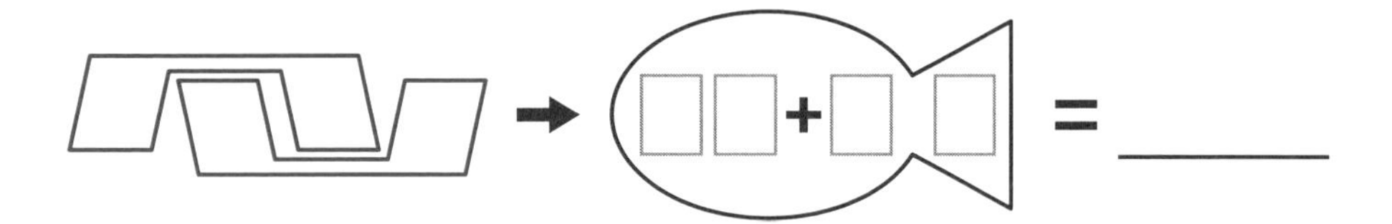

3 × 2 ＝ 6
スペースシャトルプレートの左側に 6 を書くよ。
次に、右のかけ算をしよう。

3 × 2 ＋ 2 × 3

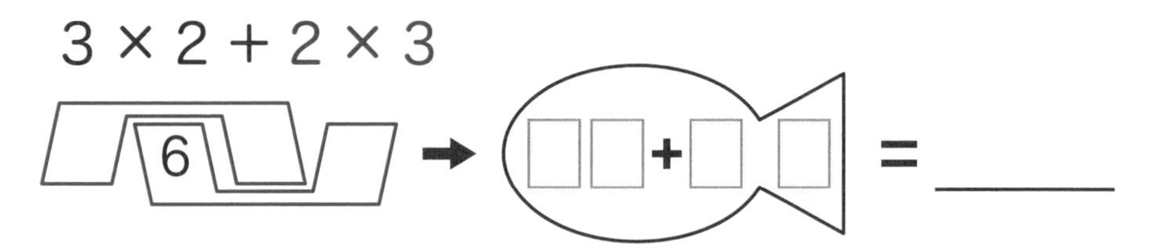

2 × 3 ＝ 6
スペースシャトルプレートの右側に 6 を書こう。
次に、同じシャトルに乗った数字のたし算をするよ。

3 × 2 ＋ 2 × 3

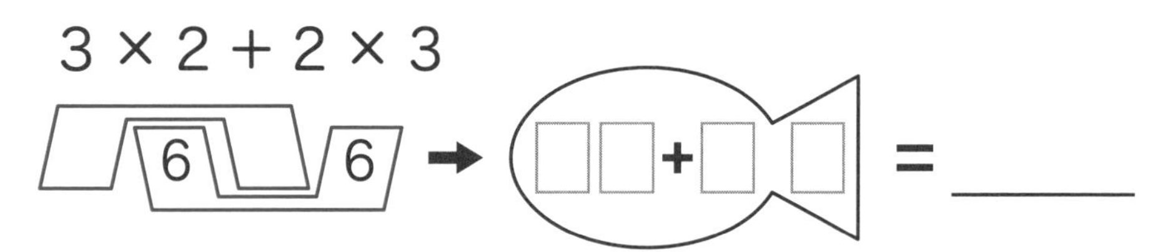

上のシャトルには なにもない（0 ＋ 0 ＝ 0）から、おさかなプレートにはなにも書かない。
下のシャトルは 6 ＋ 6 ＝ 12 だから、胴体右に 1、しっぽに 2 を書くんだね。

3 × 2 ＋ 2 × 3

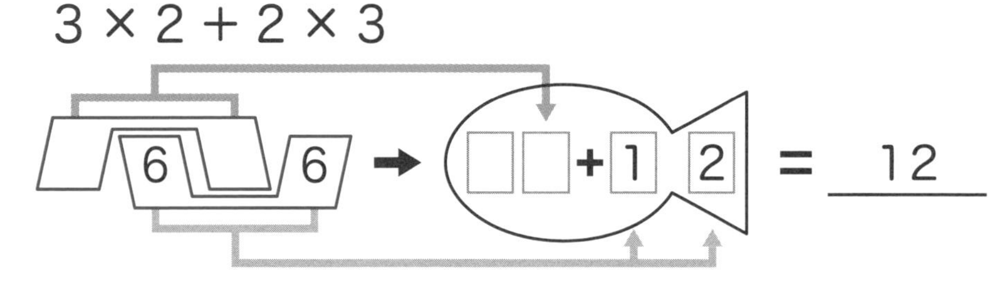

だから、答えは 12 。

スペースシャトルプレートの使い方を練習しよう！ その4

練習問題ラストだよ。

スペースシャトルプレートに数字を書き入れながらやってみよう！

かけ算の答えが1ケタのときは……、もう覚えたよね。

2×2＋1×3

まず、左のかけ算をするよ。

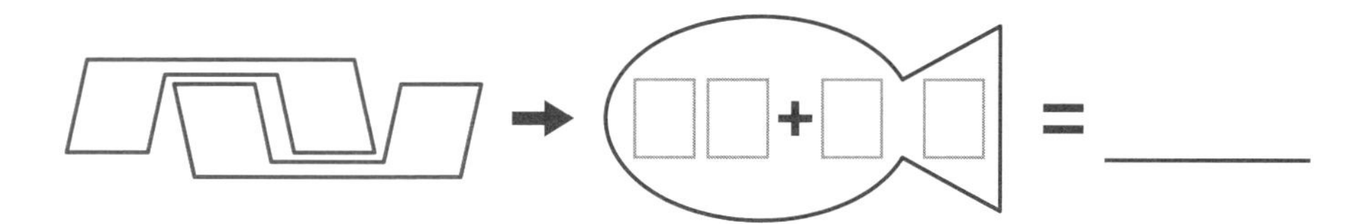

2×2＝4

スペースシャトルプレートの左側に4を書くよ。

次に、右のかけ算をしよう。

2×2＋1×3

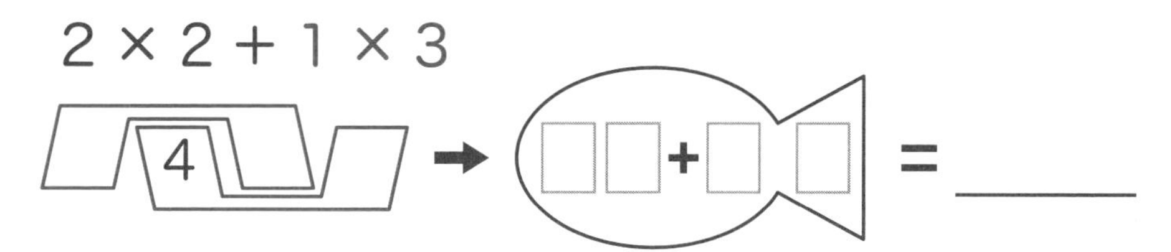

1×3＝3

スペースシャトルプレートの右側に3を書こう。

次に、同じシャトルに乗った数字のたし算をするよ。

2×2＋1×3

4　3

上のシャトルには なにもない（0＋0＝0）から、おさかなプレートにはなにも書かない。

下のシャトルは4＋3＝7だから、しっぽに7を書くだけ。

2×2＋1×3

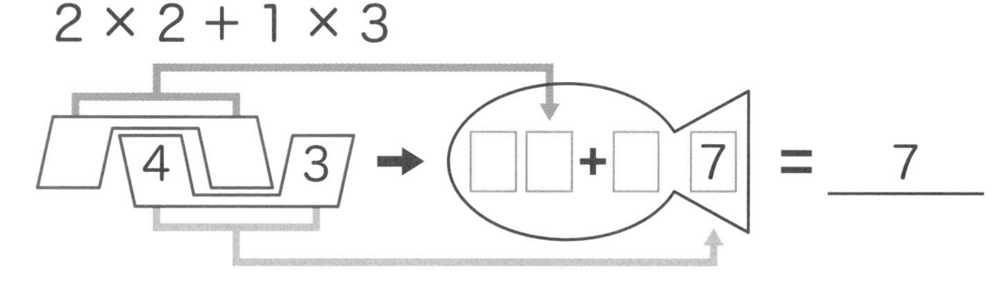

おさかなプレートの胴体にはなにも数字がないから、答えは1ケタの7。

もう、スペースシャトルプレートの使い方はバッチリだね！

スペースシャトルプレートを使(つか)った計算(けいさん)だよ！

スペースシャトルプレートを使(つか)った計算(けいさん)をしてみよう。
ひとつひとつ、確(たし)かめながら計算(けいさん)しよう。

❶ $3 \times 7 + 8 \times 2$

➡ □□＋□□ ＝ ＿＿＿＿

❷ $4 \times 7 + 8 \times 5$

➡ □□＋□□ ＝ ＿＿＿＿

❸ $3 \times 6 + 9 \times 2$

➡ □□＋□□ ＝ ＿＿＿＿

❹ $9 \times 4 + 8 \times 7$

➡ □□＋□□ ＝ ＿＿＿＿

❺ $2 \times 4 + 8 \times 3$

➡ □□＋□□ ＝ ＿＿＿＿

❻ $4 \times 2 + 3 \times 3$

➡ □□＋□□ ＝ ＿＿＿＿

❼　7 × 9 + 6 × 8

→ □□+□□ = ＿＿＿＿

❽　6 × 7 + 9 × 1

→ □□+□□ = ＿＿＿＿

❾　8 × 9 + 7 × 7

→ □□+□□ = ＿＿＿＿

❿　3 × 2 + 2 × 1

→ □□+□□ = ＿＿＿＿

⓫　8 × 8 + 8 × 7

→ □□+□□ = ＿＿＿＿

⓬　8 × 4 + 9 × 9

→ □□+□□ = ＿＿＿＿

バッチリ、できたかな？

ゴーストお絵かきゲーム パート2

12ページでやった暗算力アップのためのゲームをまたやるよ。
このゲームをクリアできたら、暗算力がメキメキついてくるからね。
さあ、スタート！

1

下の絵を1分間よく見て、できるかぎり正確に覚えてね。
1分後、下じきや紙で絵をかくして、右のページへゴー。

もう1回やるよ。

2

下の絵を1分間よく見て、できるかぎり正確に覚えてね。
1分後、下じきや紙で絵をかくして、右のページへ行こう。

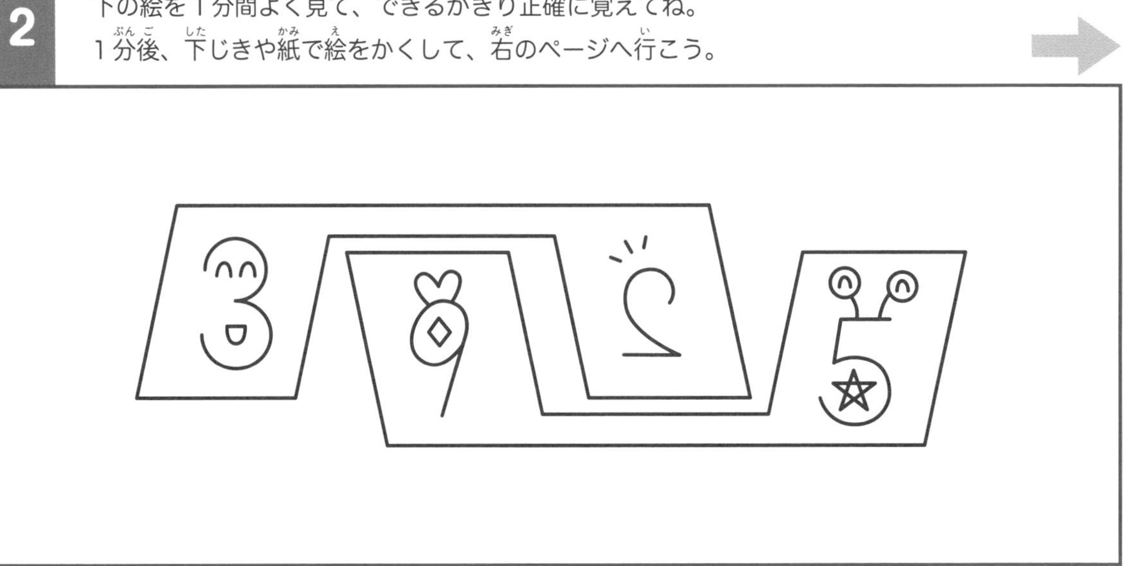

1

左の絵をかくしたら、どんな絵だったか、思いうかべながら頭の中で20数えよう。
20数え終わったら、左の絵はかくしたまま、下の□の中にかいてみよう。
できるだけ正確にかくんだよ。
制限時間はないから、ゆっくり思いだそう。

2

左の絵をかくしたら、どんな絵だったか、思いうかべながら頭の中で20数えよう。
20数え終わったら、左の絵はかくしたまま、下の□の中にかいてみよう。
できるだけ正確にかくんだよ。ゆっくり思い出しながら、やってみよう。

どうだった？
正確に絵をかけたかな？
正確にかければかけるほど、暗算力はアップするんだよ。

もう1回（かい）スペースシャトルプレートを使（つか）った計算（けいさん）をしよう！

気分（きぶん）も改（あらた）まったところで、スペースシャトルプレートを使（つか）った計算（けいさん）をしよう。

❶ 4 × 7 + 6 × 8

→ □□ + □□ = ______

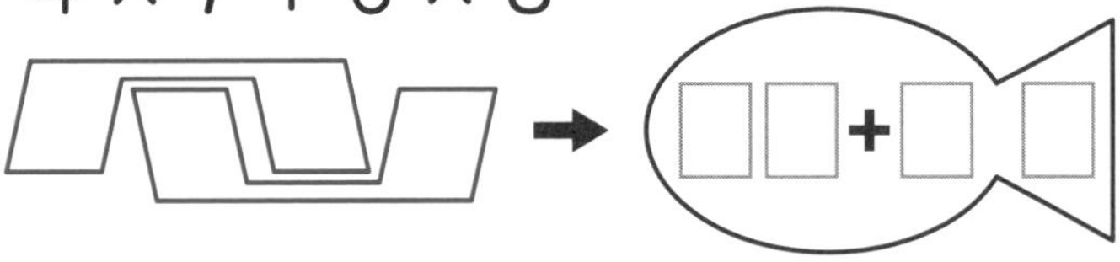

❷ 3 × 6 + 7 × 5

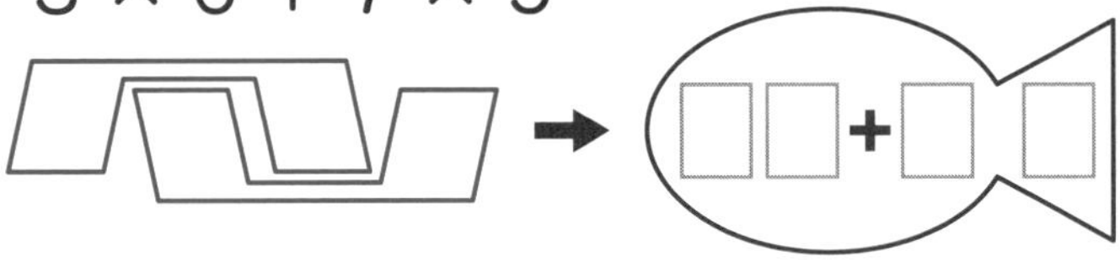

→ □□ + □□ = ______

❸ 8 × 9 + 7 × 8

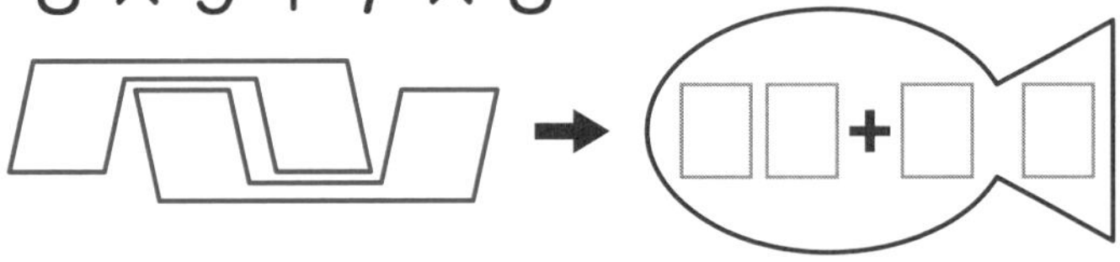

→ □□ + □□ = ______

❹ 2 × 2 + 8 × 2

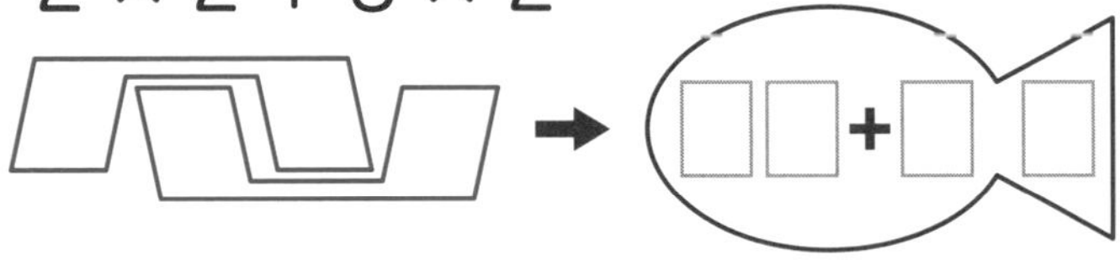

→ □□ + □□ = ______

❺ 6 × 4 + 7 × 8

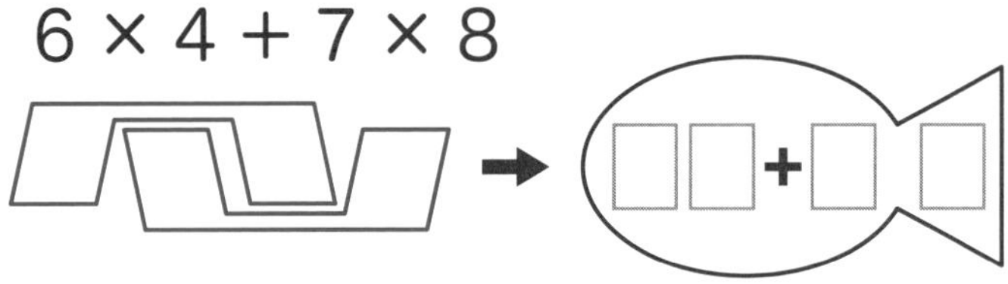

→ □□ + □□ = ______

❻ 7 × 7 + 8 × 9

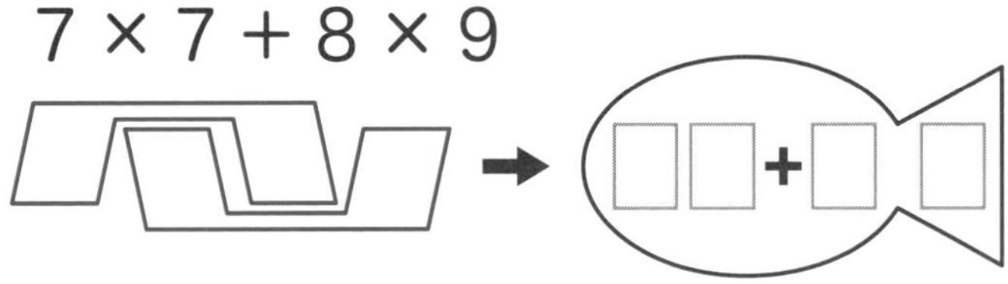

→ □□ + □□ = ______

❼ $7 \times 8 + 7 \times 7$

→ □□＋□□ ＝ ＿＿＿＿

❽ $2 \times 1 + 3 \times 3$

→ □□＋□□ ＝ ＿＿＿＿

❾ $9 \times 9 + 7 \times 7$

→ □□＋□□ ＝ ＿＿＿＿

❿ $8 \times 7 + 7 \times 1$

→ □□＋□□ ＝ ＿＿＿＿

⓫ $2 \times 2 + 1 \times 4$

→ □□＋□□ ＝ ＿＿＿＿

⓬ $8 \times 9 + 6 \times 8$

→ □□＋□□ ＝ ＿＿＿＿

カンタンだったでしょ？

スペースシャトルプレートにはなにも書かないで計算をしよう！

スペースシャトルプレートにはなにも書かずに、直接おさかなプレートに数字を書いていこう。
色のうすいプレートの中に数字を思いうかべながらやってみよう。

❶ 5 × 7 + 9 × 8

➡ □□+□ □ = ＿＿＿＿

❷ 6 × 8 + 7 × 3

➡ □□+□ □ = ＿＿＿＿

❸ 9 × 7 + 7 × 7

➡ □□+□ □ = ＿＿＿＿

❹ 1 × 3 + 4 × 9

➡ □□+□ □ = ＿＿＿＿

❺ 2 × 4 + 6 × 8

➡ □□+□ □ = ＿＿＿＿

❻ 8 × 6 + 1 × 7

➡ □□+□ □ = ＿＿＿＿

❼ 9 × 8 + 7 × 6

→ □□+□□ = ＿＿＿＿

❽ 6 × 8 + 8 × 9

→ □□+□□ = ＿＿＿＿

❾ 3 × 2 + 1 × 1

→ □□+□□ = ＿＿＿＿

❿ 9 × 8 + 7 × 7

→ □□+□□ = ＿＿＿＿

⓫ 9 × 5 + 2 × 9

→ □□+□□ = ＿＿＿＿

⓬ 8 × 8 + 8 × 6

→ □□+□□ = ＿＿＿＿

まだまだ続くよ。

もう少し！　がんばろう！

⑬ $7 \times 7 + 8 \times 7$

→ □□＋□ □ ＝ ＿＿＿＿

⑭ $9 \times 9 + 7 \times 7$

→ □□＋□ □ ＝ ＿＿＿＿

⑮ $8 \times 7 + 3 \times 3$

→ □□＋□ □ ＝ ＿＿＿＿

⑯ $8 \times 6 + 9 \times 9$

→ □□＋□ □ ＝ ＿＿＿＿

⑰ $7 \times 9 + 7 \times 7$

→ □□＋□ □ ＝ ＿＿＿＿

⑱ $8 \times 8 + 9 \times 2$

→ □□＋□ □ ＝ ＿＿＿＿

⑲ $8 \times 6 + 4 \times 7$

→ □□＋□□ ＝ ＿＿＿＿

⑳ $3 \times 3 + 2 \times 4$

→ □□＋□□ ＝ ＿＿＿＿

㉑ $8 \times 7 + 9 \times 9$

→ □□＋□□ ＝ ＿＿＿＿

㉒ $1 \times 7 + 5 \times 3$

→ □□＋□□ ＝ ＿＿＿＿

㉓ $4 \times 9 + 9 \times 2$

→ □□＋□□ ＝ ＿＿＿＿

㉔ $7 \times 7 + 9 \times 9$

→ □□＋□□ ＝ ＿＿＿＿

どうだった？

ちょっとむずかしかったかな？

おさかなプレートにもなにも書かないで計算をするよ！

こんどは、スペースシャトルプレートに加えて、おさかなプレートにもなにも書かずに、計算してみよう。色のうすいプレートに数字を思いうかべながらやるといいよ。

❶ $8 \times 4 + 7 \times 8$

□□＋□□ ＝ ＿＿＿＿

❷ $3 \times 2 + 9 \times 5$

□□＋□□ ＝ ＿＿＿＿

❸ $6 \times 8 + 7 \times 7$

□□＋□□ ＝ ＿＿＿＿

❹ $9 \times 4 + 3 \times 6$

□□＋□□ ＝ ＿＿＿＿

❺ $8 \times 8 + 6 \times 8$

□□＋□□ ＝ ＿＿＿＿

❻ $7 \times 7 + 3 \times 5$

□□＋□□ ＝ ＿＿＿＿

❼ $6 \times 8 + 4 \times 9$

→ ＝

❽ $6 \times 7 + 9 \times 8$

→ ＝

❾ $3 \times 2 + 8 \times 1$

→ ＝

❿ $9 \times 8 + 7 \times 7$

→ ＝

⓫ $7 \times 8 + 8 \times 7$

→ ＝

⓬ $7 \times 7 + 8 \times 7$

→ ＝

たいへんだったかな？

でも、もうずいぶん、頭の中で暗算ができるようになっているんじゃないかな？

ゴーストスペースシャトルプレートで計算をしてみよう！

今度はほんとうにスペースシャトルプレートが消えちゃったよ。
頭の中にスペースシャトルプレートを思いうかべながら、いちばん右の答えだけを書こう。
さあ、やってみよう。

❶ 8 × 6 ＋ 3 × 7

➡ □□＋□□ ＝ ＿＿＿＿

❷ 8 × 7 ＋ 5 × 6

➡ □□＋□□ ＝ ＿＿＿＿

❸ 3 × 9 ＋ 8 × 7

➡ □□＋□□ ＝ ＿＿＿＿

❹ 1 × 6 ＋ 7 × 3

➡ □□＋□□ ＝ ＿＿＿＿

❺ 4 × 7 ＋ 6 × 8

➡ □□＋□□ ＝ ＿＿＿＿

❻ 9 × 8 ＋ 8 × 7

➡ □□＋□□ ＝ ＿＿＿＿

❼ $4 \times 8 + 3 \times 1$

➡ □□+□□ = ＿＿＿＿

❽ $6 \times 7 + 8 \times 9$

➡ □□+□□ = ＿＿＿＿

❾ $8 \times 8 + 2 \times 4$

➡ □□+□□ = ＿＿＿＿

❿ $3 \times 3 + 8 \times 8$

➡ □□+□□ = ＿＿＿＿

⓫ $7 \times 8 + 6 \times 5$

➡ □□+□□ = ＿＿＿＿

⓬ $8 \times 7 + 7 \times 7$

➡ □□+□□ = ＿＿＿＿

まだまだ続くよ。

ガンバレ、ガンバレ!!

⑬ $9 \times 7 + 7 \times 7$

→ □□+□ □ = ＿＿＿

⑭ $4 \times 7 + 7 \times 8$

→ □□+□ □ = ＿＿＿

⑮ $7 \times 8 + 8 \times 8$

→ □□+□ □ = ＿＿＿

⑯ $4 \times 9 + 7 \times 4$

→ □□+□ □ = ＿＿＿

⑰ $2 \times 3 + 6 \times 6$

→ □□+□ □ = ＿＿＿

⑱ $7 \times 7 + 9 \times 8$

→ □□+□ □ = ＿＿＿

⑲　8 × 8 + 9 × 6

→ □□+□□ = ＿＿＿＿

⑳　8 × 6 + 5 × 9

→ □□+□□ = ＿＿＿＿

㉑　3 × 9 + 9 × 1

→ □□+□□ = ＿＿＿＿

㉒　9 × 9 + 7 × 7

→ □□+□□ = ＿＿＿＿

㉓　2 × 3 + 8 × 1

→ □□+□□ = ＿＿＿＿

㉔　6 × 9 + 7 × 8

→ □□+□□ = ＿＿＿＿

どうだった？
できたかな？
何度もやって、慣れていこう。

おさかなも消えちゃった！

今度はおさかなプレートまで消えちゃったよ。
頭の中にスペースシャトルプレートとおさかなプレートをしっかり思いうかべながら暗算しよう。
さあ、レッツ・ゴー!!

❶ $8 \times 4 + 9 \times 7$

= ______

❷ $9 \times 7 + 6 \times 8$

= ______

❸ $3 \times 3 + 9 \times 8$

= ______

❹ $8 \times 6 + 9 \times 9$

= ______

❺ $7 \times 7 + 5 \times 5$

= ______

❻ $6 \times 9 + 7 \times 7$

= ______

⑦　$8 \times 6 + 9 \times 4$

= ______

⑧　$3 \times 2 + 1 \times 3$

= ______

⑨　$7 \times 7 + 9 \times 8$

= ______

⑩　$8 \times 6 + 7 \times 1$

= ______

⑪　$8 \times 9 + 6 \times 8$

= ______

⑫　$8 \times 8 + 6 \times 6$

= ______

おつかれさま。
これでスペースシャトルプレートはバッチリ覚えたね！

いよいよ最終段階！

この章では、ゴースト暗算の最後の仕上げの段階を説明するよ。
最終段階では、おさかなプレート、サンドイッチプレート、スペースシャトルプレートの全部を組み合わせるんだ。
じゃあ、64×43の2ケタ×2ケタのかけ算をやってみよう。

1

まず、かけられる数 64 と、かける数の十の位 4 のかけ算をする。
おさかなプレートを使うと、256 だね。
そして、答えの千の位 2 を左のパンに書き入れる。

24+1 6 = 2 5 6
64 × 43 = 2□□□
□□+□ □ = _ _ □

次に、最初の計算の答えの下2ケタ 56 を下のおさかなプレートの胴体に書き、さらに問題の一の位の数のかけ算 4×3 をする。
下のおさかなプレートは 572 になる。
これで、答えの一の位が 2 だってわかった。
＊一の位と千の位の数字は、すぐに書きこんでいいよ。

24+1 6 = 2 5 6
64 × 43 = 2□□2
56+1 2 = 5 7 2

今度は、2のおさかなプレートの答えの上の2ケタ 57 をスペースシャトルプレートの左に書く。
そして、64×43のはしっこの数字（かけられる数の十の位 6 と、かける数の一の位 3）のかけ算の答え 18 を右に書く。
すると、スペースシャトルプレートの答えは、75 になるね。

24+1 6 = 2 5 6
64 × 43 = 2□□2
56+1 2 = 5 7 2
5 7 1 8 → □6+1 5 = 75

このスペースシャトルプレートの答え 75 を、サンドイッチプレートのまんなかの2ケタに入れたら、ゴースト暗算は完成だ！
64×43の答えは、2752。
どうだい？　わかったかな？

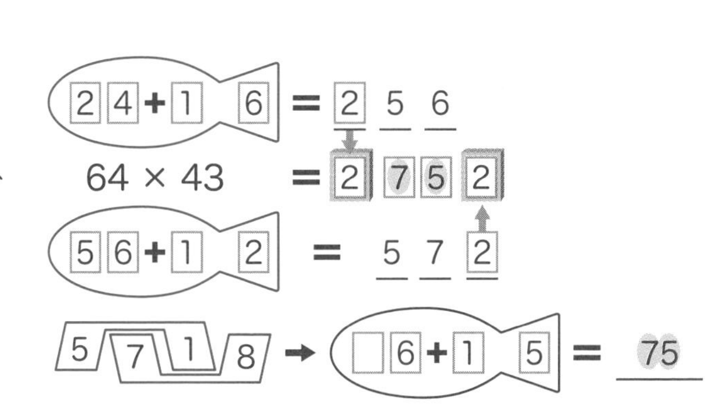

もう1問やってみるよ。
今度は、76 × 68 の2ケタ×2ケタのかけ算だ。

1

まず、かけられる数 76 と、
かける数の十の位 6 のかけ算をする。
おさかなプレートを使うと、456 だね。
そして、答えの千の位 4 を左のパンに
書き入れる。

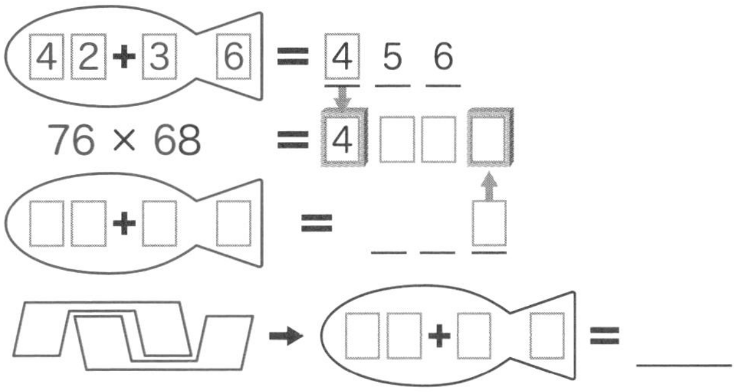

2

次に、最初の計算の答えの下2ケタ 56 を
下のおさかなプレートの胴体に書き、さらに
問題の一の位の数のかけ算 6 × 8 をする。
下のおさかなプレートは 608 になる。
これで、答えの一の位が 8 だってわかった。

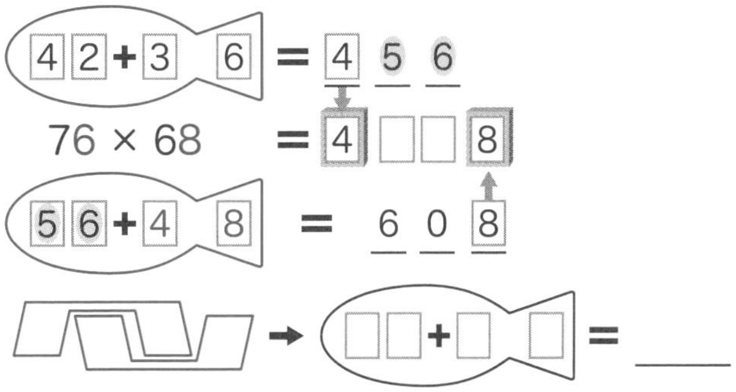

3

今度は、**2**のおさかなプレートの答えの上の
2ケタ 60 をスペースシャトルプレートの
左に書く。
そして、76 × 68 のはしっこの数字
（かけられる数の十の位 7 と、かける数の
一の位 8 ）のかけ算の答えを右に書く。
すると、スペースシャトルプレートの答えは、
116 になるね。

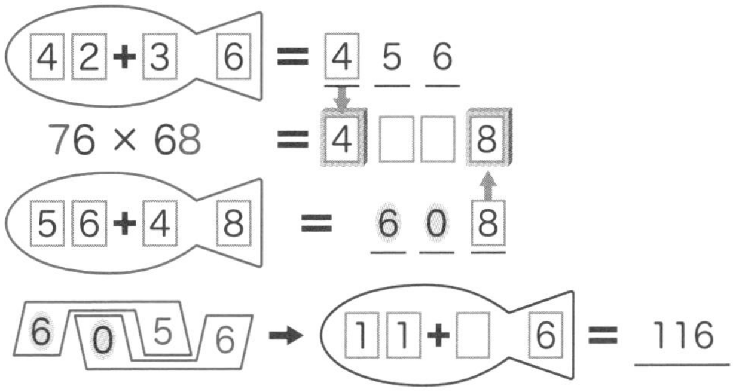

4

このスペースシャトルプレートの答え
116 を、サンドイッチプレートの
まんなかの2ケタに入れるんだけど、
ますは2つしかない。
こんな場合は、1つ上の位にくり上げるんだ。
これでゴースト暗算が完成！
76 × 68 の答えは、5168。
ちょっと、むずかしいかな？ たくさん問題を
やって慣れていけば、だいじょうぶだよ。

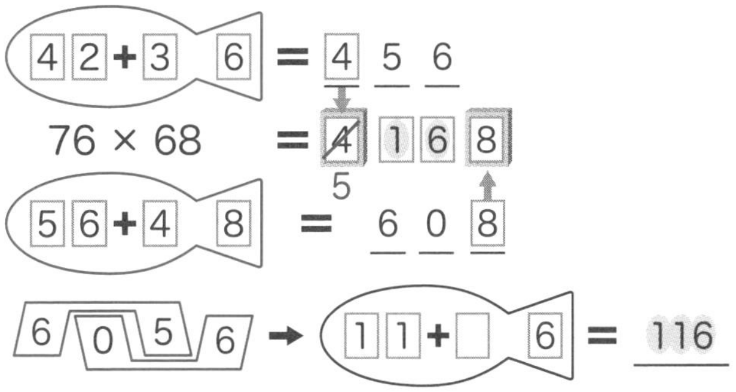

いろいろなパターン

パターン 1

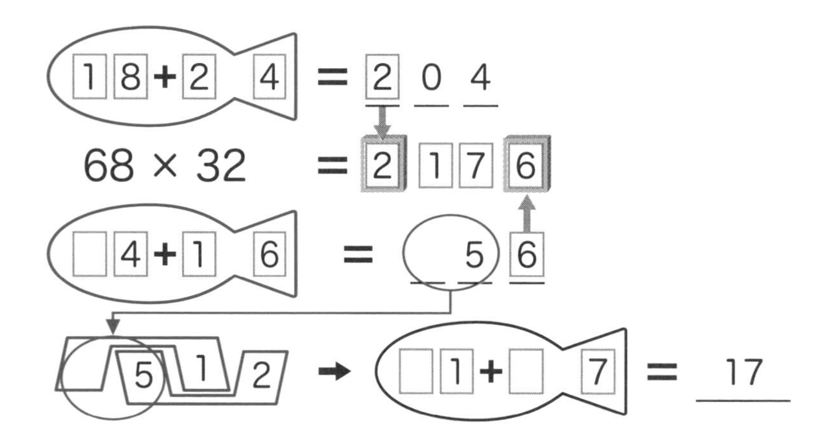

下のおさかなの答えが 56 と2ケタのときは、スペースシャトルプレートの左は、右につめて書こう。つまり、上のシャトルの左は0になるんだね。そうすると、この計算の答えは 2176 になるね。

パターン 2

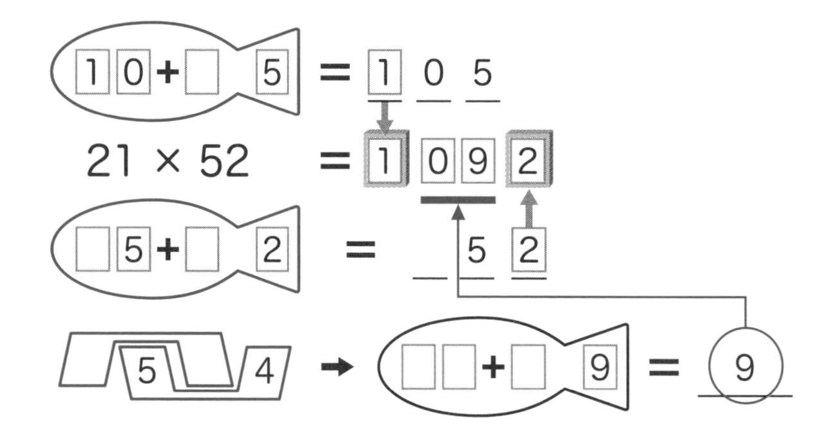

スペースシャトルプレートの答えが 9。このように1ケタのときは、答えの百の位に0を入れる。この計算の場合は、「9」を「09」とする。だから、答えは 1092 だね。

パターン 3

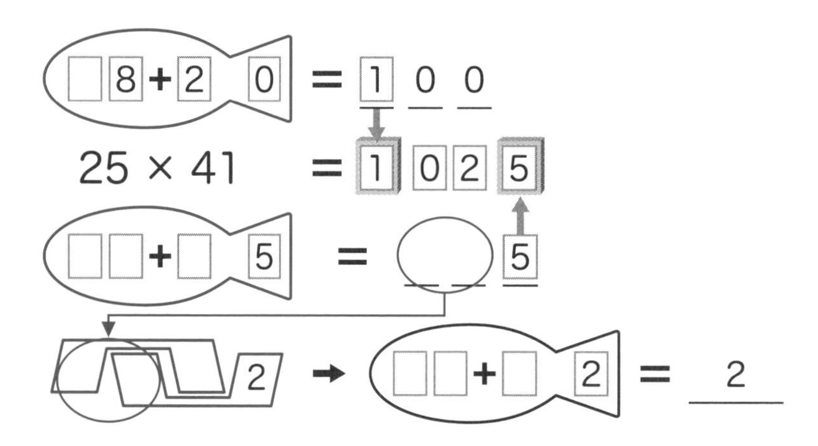

下のおさかなプレートの答えが 5。このように1ケタで、百の位も十の位もないときは、スペースシャトルプレートの左側は0になるので、なにも書かないよ。この計算の答えは 1025 だね。

パターン 4

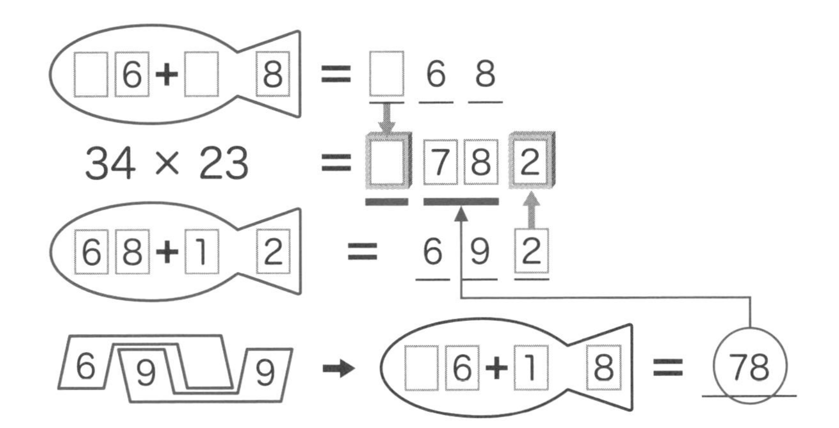

上のおさかなプレートの答えは68で2ケタだから、千の位は0。
そして、スペースシャトルプレートの答えが78と2ケタのときは、そのまま「78」を書き写すよ。
だから、答えは782だ。

パターン 5

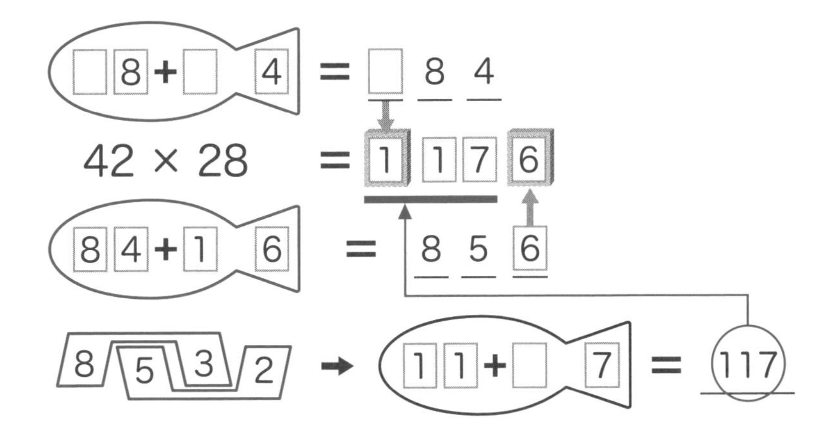

上のおさかなプレートの答えは84で2ケタだから、千の位は0。
そして、スペースシャトルプレートの答えは117と3ケタのときは、そのまま「117」を書き写すよ。
だから、この計算の答えは1176だよ。

いっしょにやってみよう！ その1

じゃあ、練習問題だ。

いっしょにやってみるよ。

34 × 73 の 2 ケタ× 2 ケタのかけ算だ。

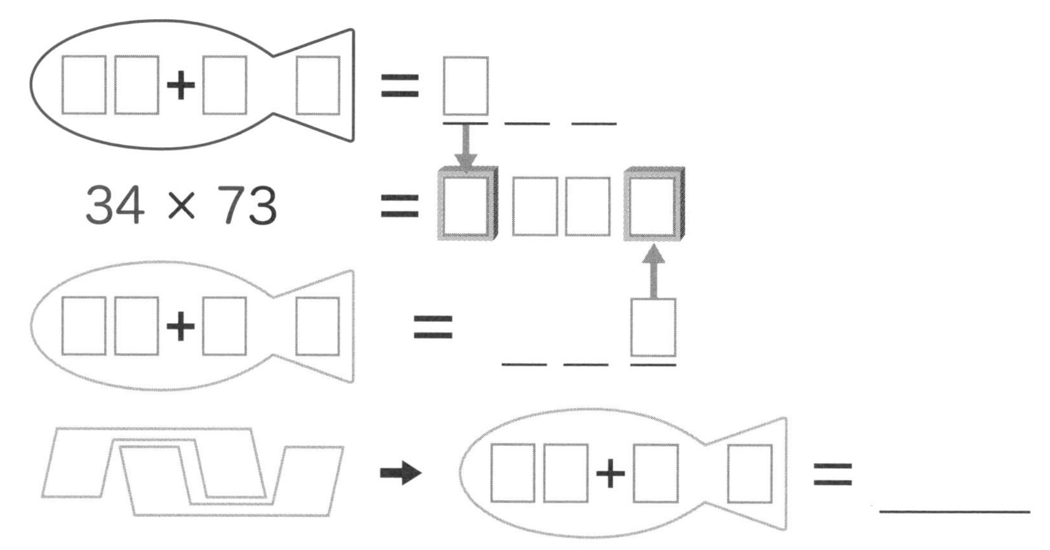

1

まず、かけられる数 34 と、かける数の十の位 7 のかけ算からだね。

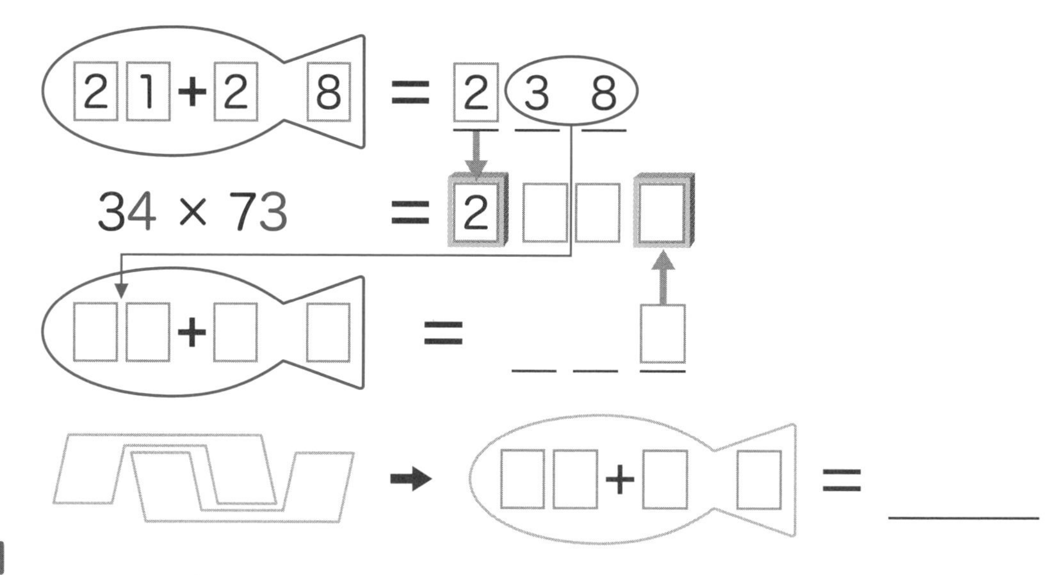

2

おさかなプレートを使うと、238 だね。

答えの千の位 2 を左のパンに書き入れて、下の 2 ケタの 38 を下のおさかなプレートの胴体に入れる。

さらに問題の一の位の数どうしのかけ算 4 × 3 をする。

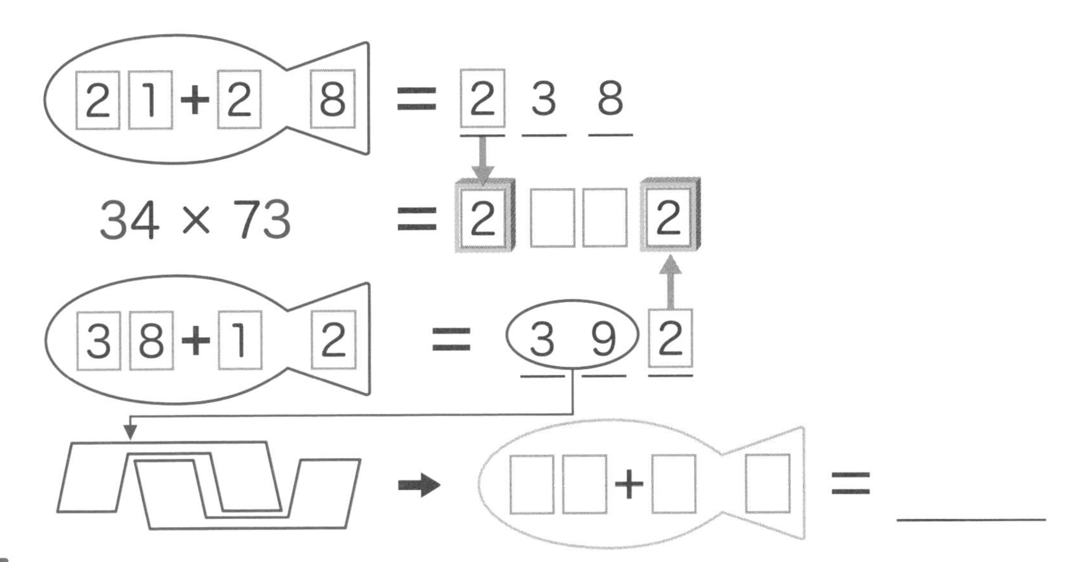

3

4×3の答えをおさかなプレートの胴体右としっぽに入れる。
すると、下のおさかなプレートは392になる。
これで、答えの一の位が2だってわかった。
今度は、3ケタの数字の上の2ケタ39をスペースシャトルプレートの左に書く。
そして、34×73のはしっこの数字（かけられる数の十の位3と、かける数の一の位3）のかけ算の答えを右に書く。

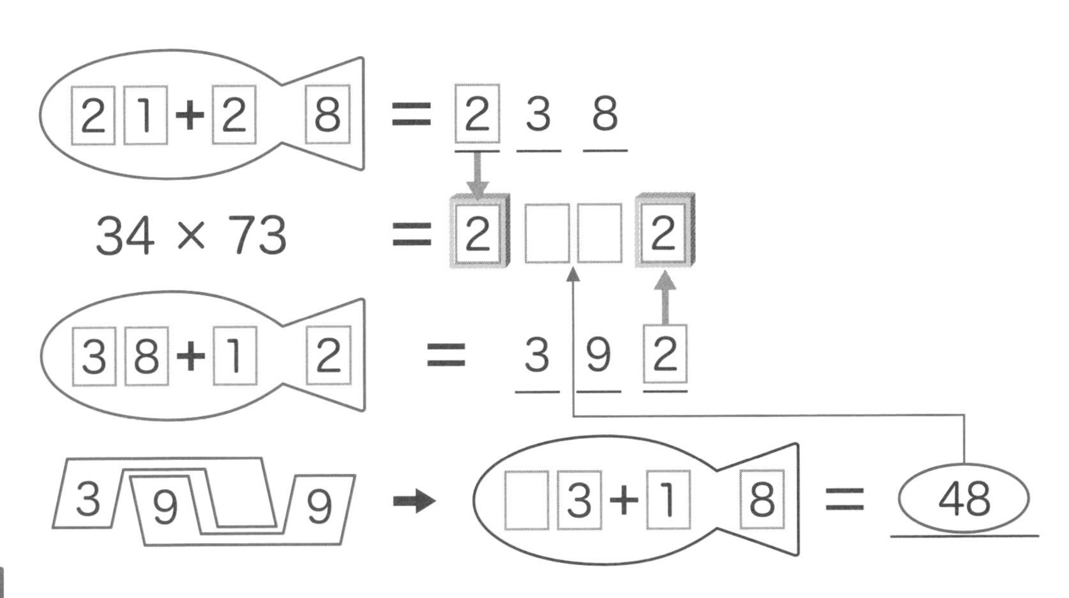

4

すると、スペースシャトルプレートの答えは、48になるね。
このスペースシャトルプレートの答え48を、サンドイッチプレートのまんなかの2ケタに入れたら、ゴースト暗算は完成だね。
だから、34×73の答えは、2482だ。
慣れてくると、カンタンになるよ。

いっしょにやってみよう！ その2

もう1問、練習問題をやってみよう。
問題は、
73 × 42 の 2 ケタ× 2 ケタのかけ算だ。

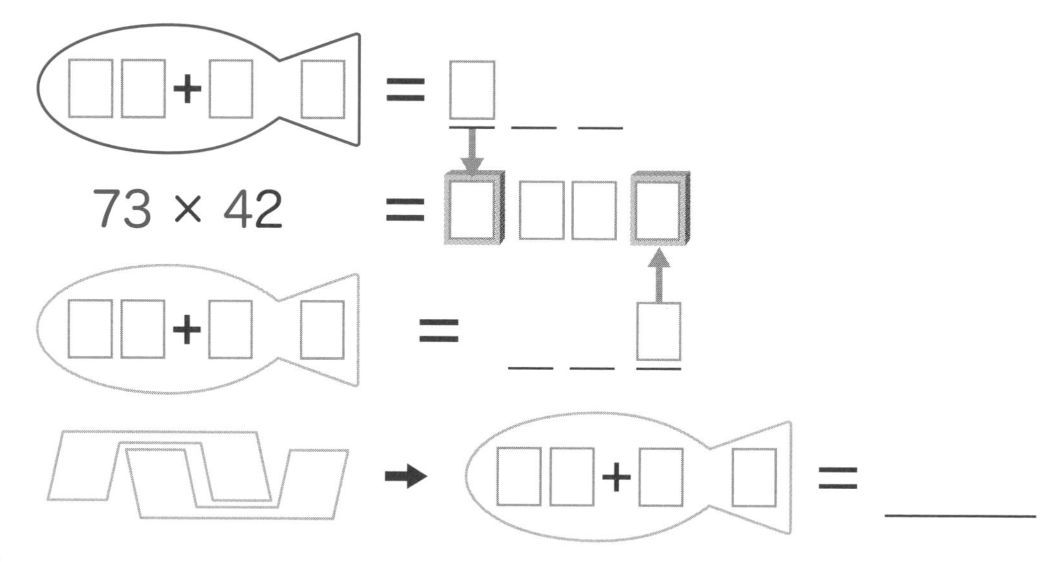

1

まず、かけられる数 73 と、かける数の十の位 4 のかけ算からだ。

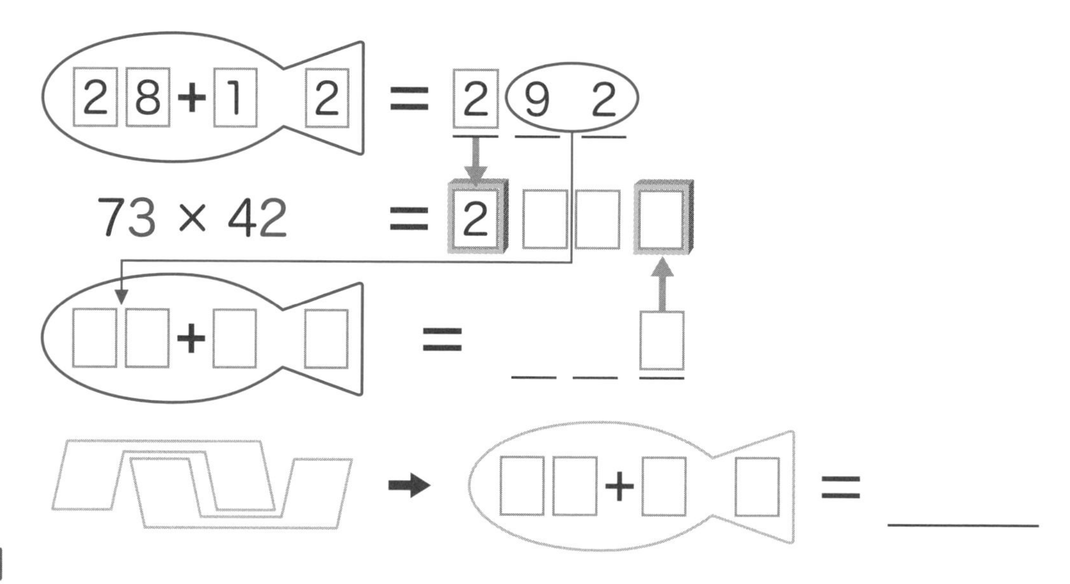

2

おさかなプレートを使うと、292 だね。
答えの千の位 2 を左のパンに書き入れて、下の 2 ケタの 92 を下のおさかなプレートの胴体に入れる。
さらに問題の一の位の数どうしのかけ算 3 × 2 をする。

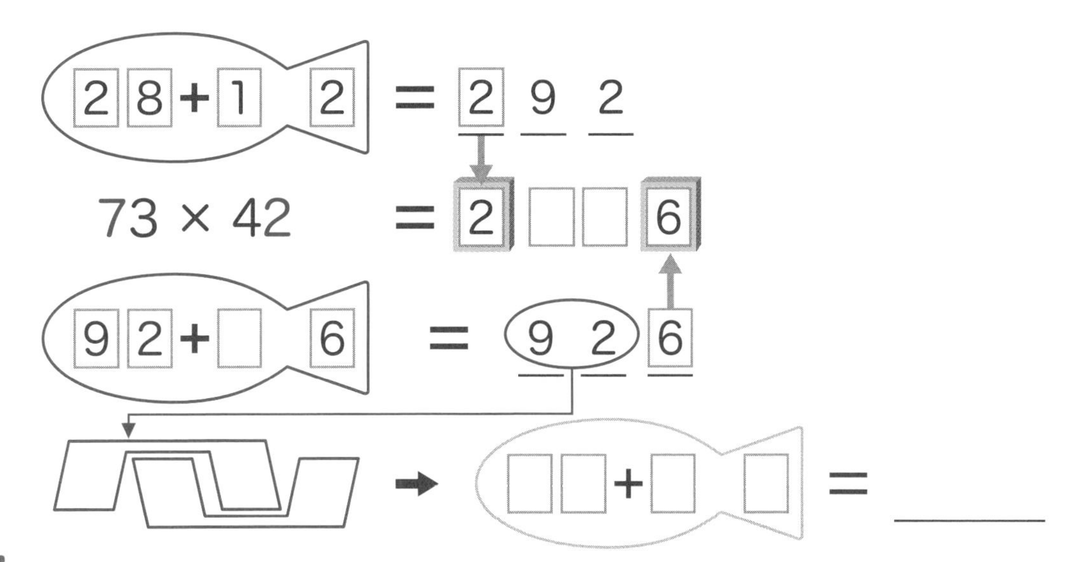

3

3 × 2 の答えをおさかなプレートのしっぽに入れる。

すると、下のおさかなプレートは 926 になる。

答えの一の位が 6 だってわかったね。

今度は、3 ケタの数字の上の 2 ケタ 92 をスペースシャトルプレートの左に書く。

そして、73 × 42 のはしっこの数字（かけられる数の十の位 7 と、かける数の一の位 2 ）のかけ算の答えを右に書く。

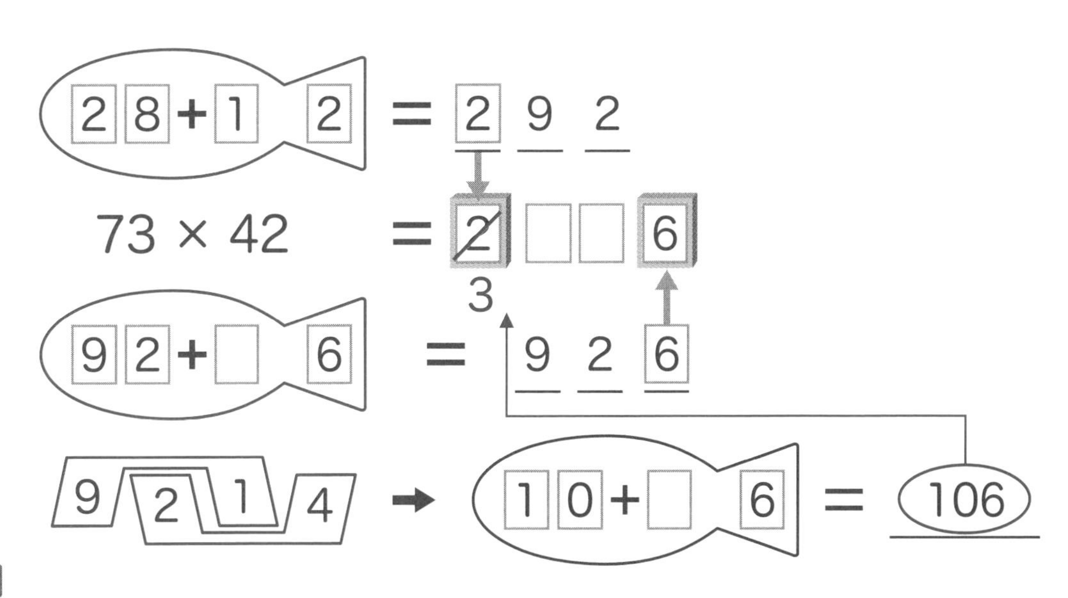

4

すると、スペースシャトルプレートの答えは、106 になるね。

このスペースシャトルプレートの答え 106 を、サンドイッチプレートのまんなかの 2 ケタに入れるんだけど、3 ケタだから、1 くり上げるんだったね。

だから、73 × 42 の答えは、3066 になる。

もう、慣れてきたかな？

練習問題をやってみよう！

じゃあ、練習問題をやってみるよ。
進め方をひとつひとつ思い出しながらがんばろう！

❶ 53 × 54

❷ 63 × 45

❸ 46 × 68

❹ 86 × 48

ガンバレ！

❺ 17 × 67 =

❻ 34 × 61 =

❼ 23 × 21 =

❽ 46 × 24 =

まだまだやるよ！

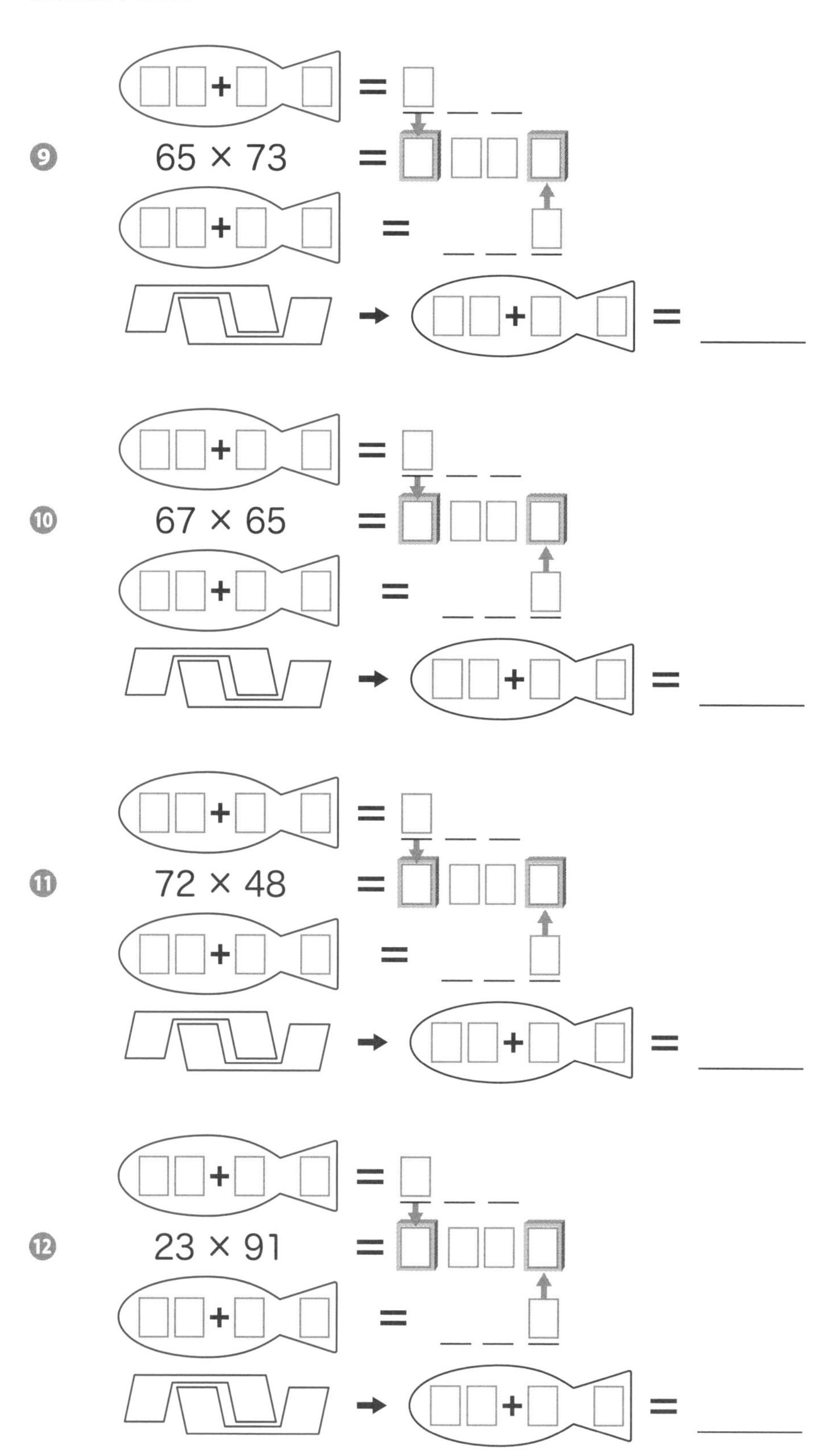

あと4問！　もう覚えたでしょ？

⑬ 92 × 62 ＝

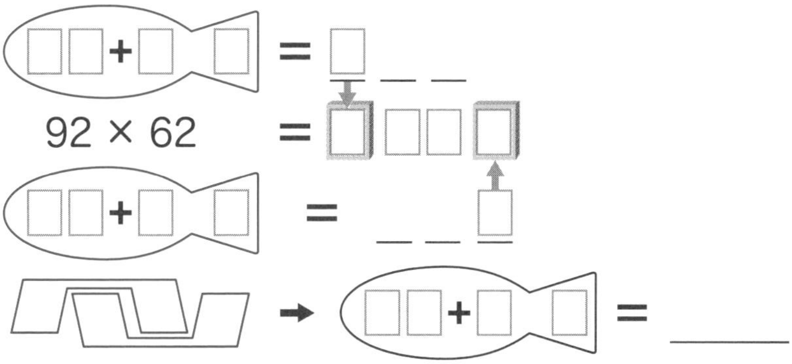

⑭ 14 × 18 ＝

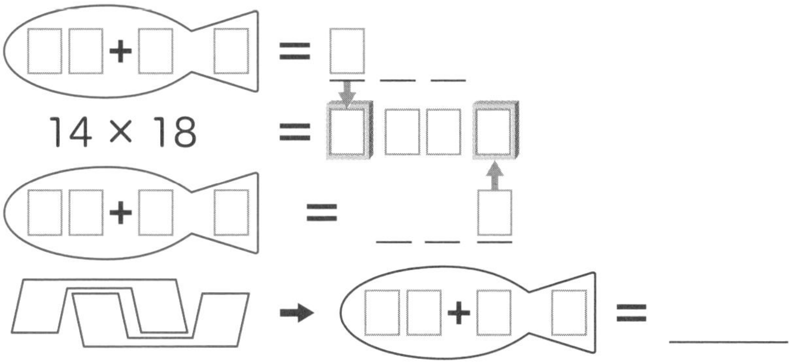

⑮ 56 × 76 ＝

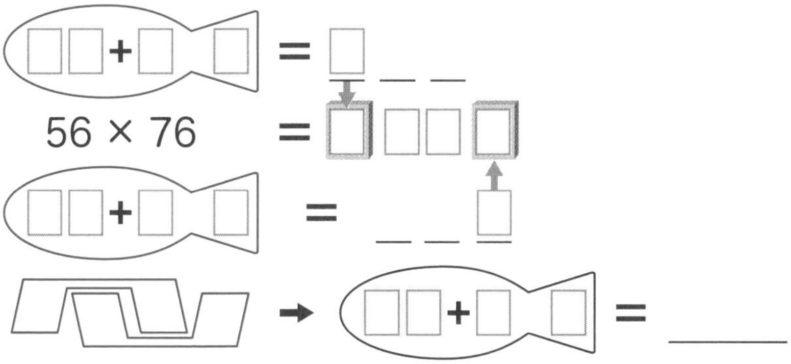

⑯ 31 × 38 ＝

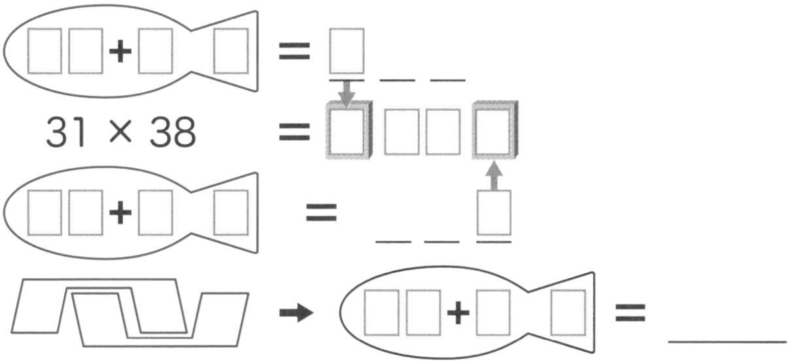

おつかれさま～

おさかなプレートにはなにも書(か)かないで計算(けいさん)をしよう！

色(いろ)がうすくなっているサンドイッチプレートのおさかなには、なにも書(か)かないでやってみよう。
頭(あたま)の中(なか)で思(おも)いうかべるんだよ。

❶ 67 × 84 ＝

❷ 51 × 27 ＝

❸ 36 × 74 ＝

❹ 26 × 42 ＝

数字をちゃんと思いうかべているかな？

❺ 98 × 56 ＝

❻ 21 × 33 ＝

❼ 44 × 28 ＝

❽ 58 × 37 ＝

なにも書かない部分が増えたよ！

サンドイッチプレートの答えのところも色がうすくなったね。
ここには、なにも書かないでやるんだよ。頭の中でしっかりと思いうかべよう。

❶ 86 × 94 ＝ □□□□

□□＋□ □ ＝ ____

❷ 73 × 67 ＝ □□□□

□□＋□ □ ＝ ____

❸ 53 × 29 ＝ □□□□

□□＋□ □ ＝ ____

❹ 67 × 31 ＝ □□□□

□□＋□ □ ＝ ____

色のうすいプレートの数字を、しっかり思いうかべよう。

❺ 85 × 64 = □□□□

→ □□+□ □ = ＿＿＿

❻ 32 × 22 = □□□□

→ □□+□ □ = ＿＿＿

❼ 86 × 48 = □□□□

→ □□+□ □ = ＿＿＿

❽ 47 × 26 = □□□□

→ □□+□ □ = ＿＿＿

スペースシャトルプレートにもなにも書かないでやってみよう!

スペースシャトルプレートも色がうすくなったね。ここには、なにも書かないでやるんだよ。
だんだん、レベルが高くなってきた。頭の中でしっかりと思いうかべよう。

❶ 57 × 63 = □□□□

→ □□+□ □ = ＿＿＿

❷ 57 × 89 = □□□□

→ □□+□ □ = ＿＿＿

❸ 17 × 62 = □□□□

→ □□+□ □ = ＿＿＿

❹ 34 × 38 = □□□□

→ □□+□ □ = ＿＿＿

ゆっくりでいいから、しっかり計算しよう！

❺ 54 × 68 ＝ □□□□

→ □□＋□ □ ＝ ＿＿＿＿

❻ 61 × 14 ＝ □□□□

→ □□＋□ □ ＝ ＿＿＿＿

❼ 33 × 32 ＝ □□□□

→ □□＋□ □ ＝ ＿＿＿＿

❽ 82 × 67 ＝ □□□□

→ □□＋□ □ ＝ ＿＿＿＿

プレートは思いうかべるだけで計算しよう！

全部のプレートの色がうすくなったよ。書くのは問題の答えだけ。
どのプレートをどこで、どうやって使うのか。頭の中でしっかりと思いうかべよう。

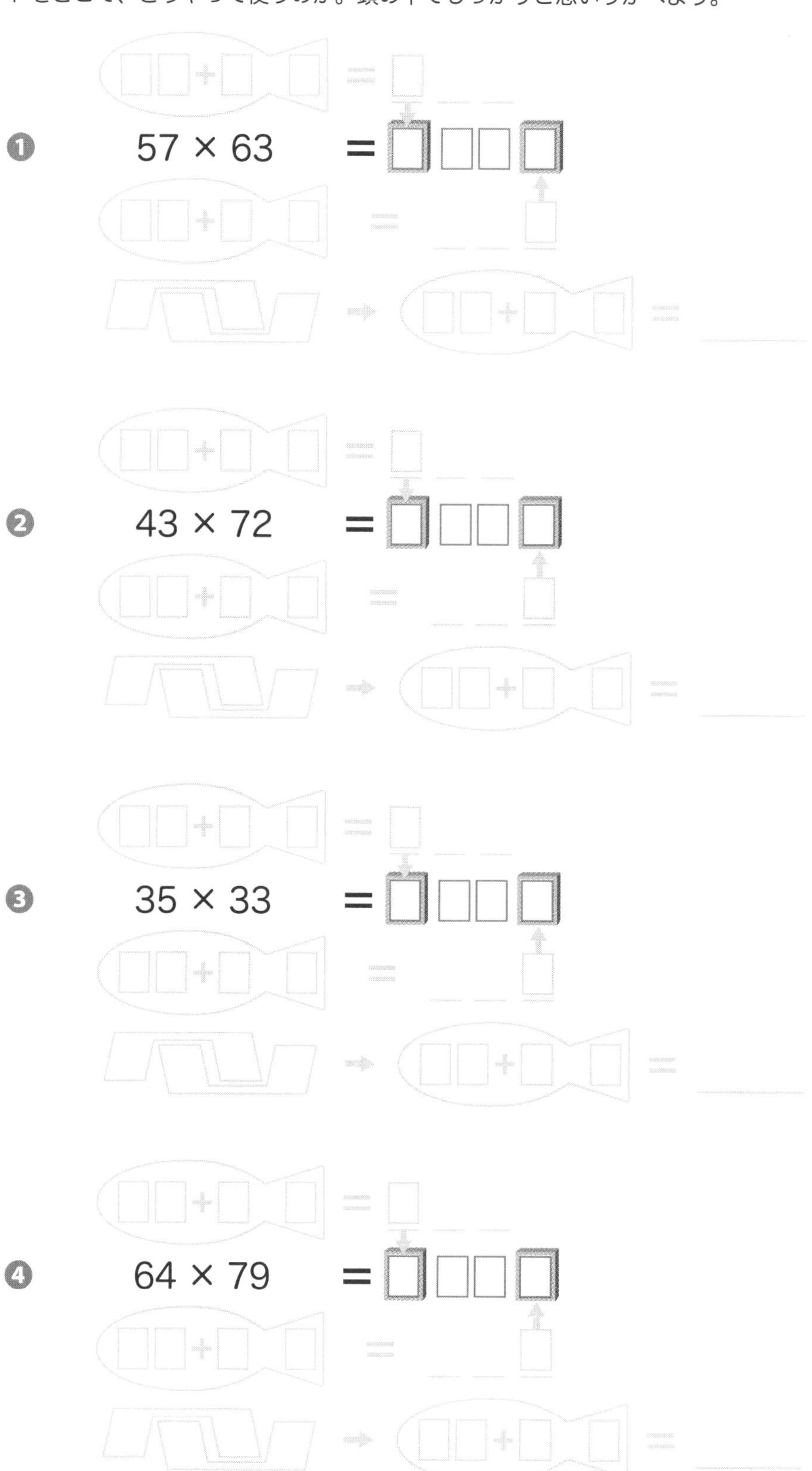

数字をしっかりと思いうかべながら計算しよう！

❺　23 × 49 = □□□□

❻　62 × 42 = □□□□

❼　83 × 27 = □□□□

❽　76 × 12 = □□□□

ゴースト暗算 第１段階 おさかなプレートが１つ消えた！

上のおさかなプレートがなくなったよ。でも、もう思いうかべながらできるよね。
ゴースト暗算の第１段階にチャレンジ！

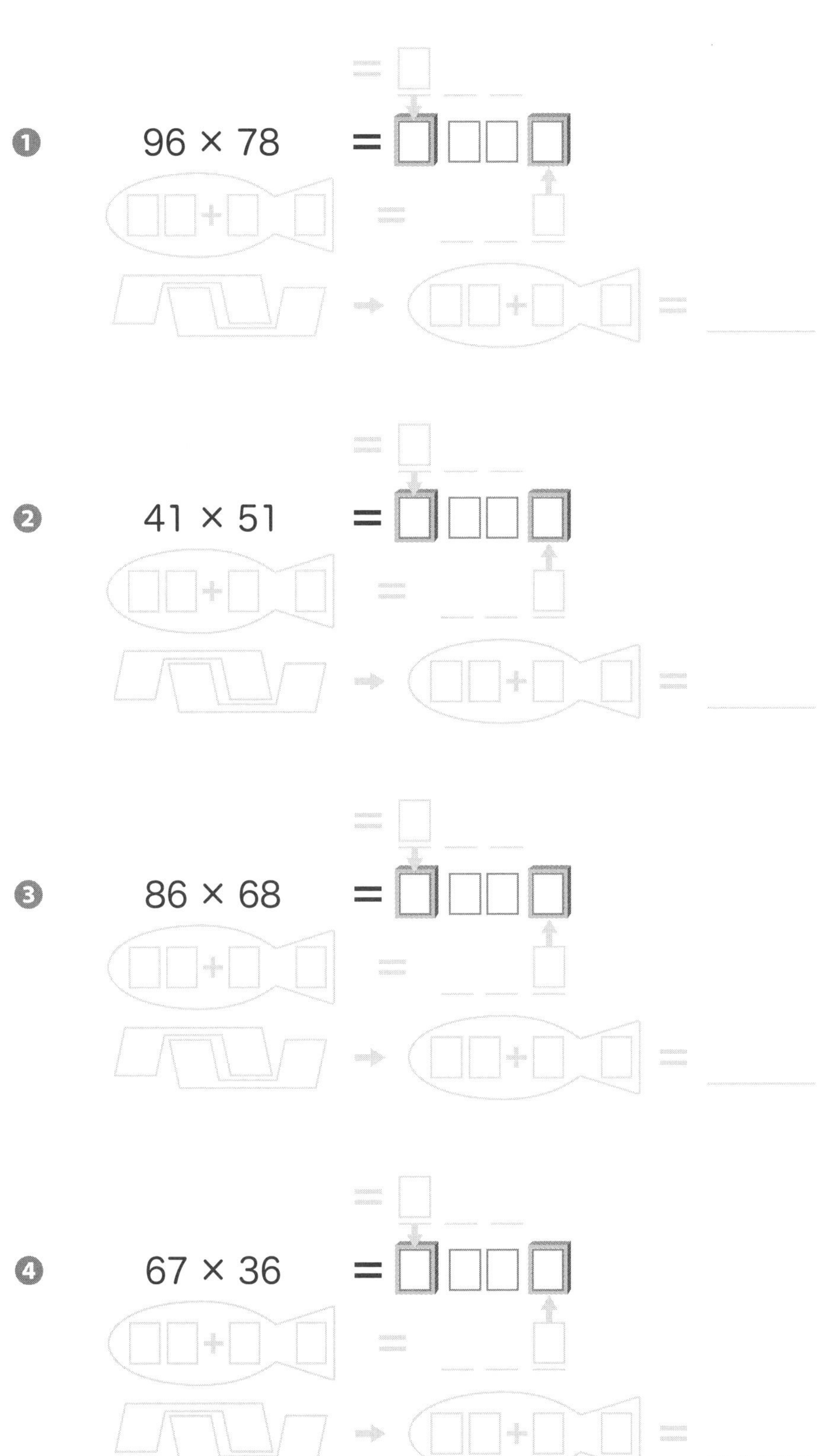

おさかなプレートをしっかりと思いうかべよう！

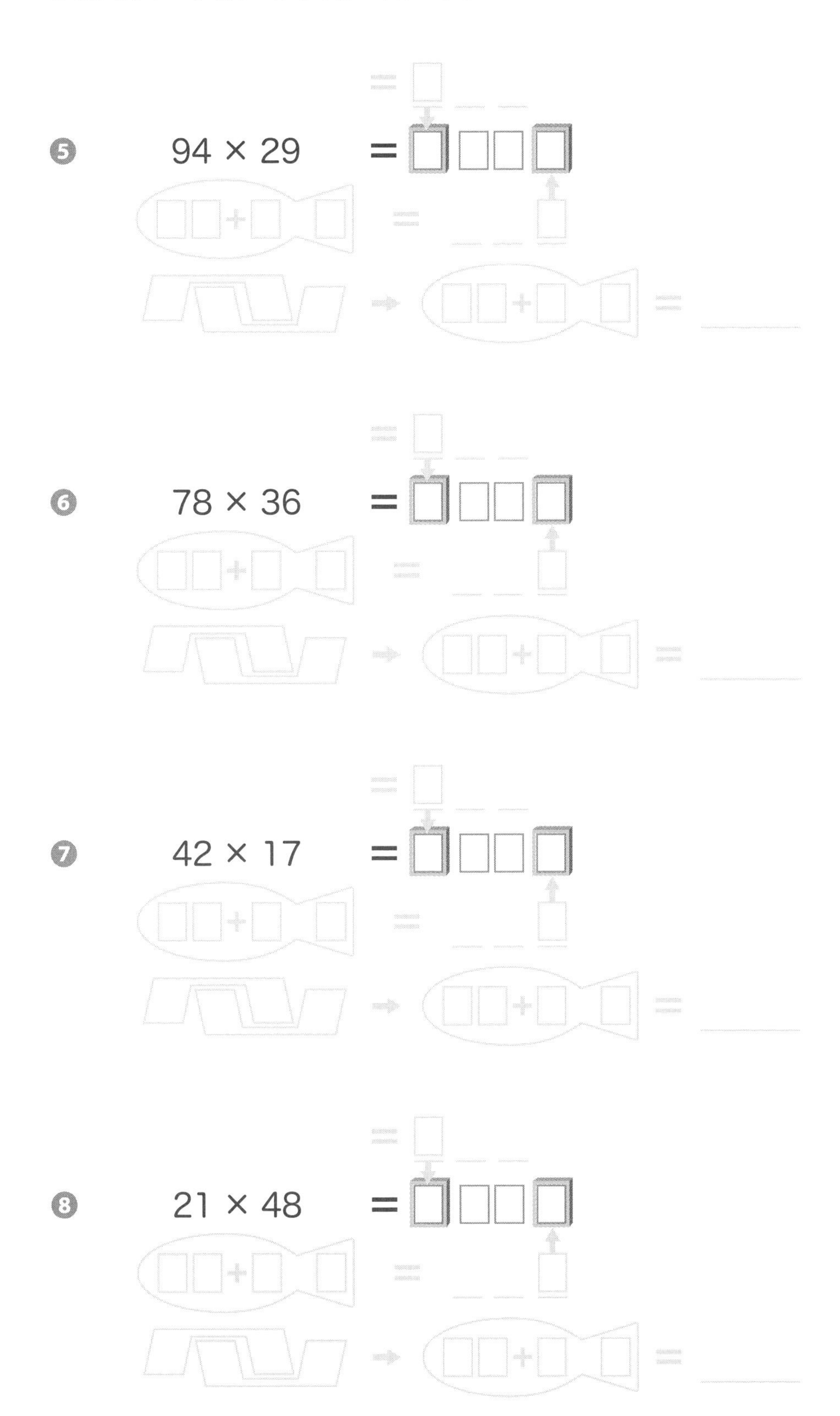

ゴースト暗算 第２段階 もう１つ消えた！

上のおさかなプレートの答えを書くところもなくなったよ。しっかり思いうかべよう。
ゴースト暗算の第２段階にチャレンジ！

❶ 43 × 67 ＝□□□□

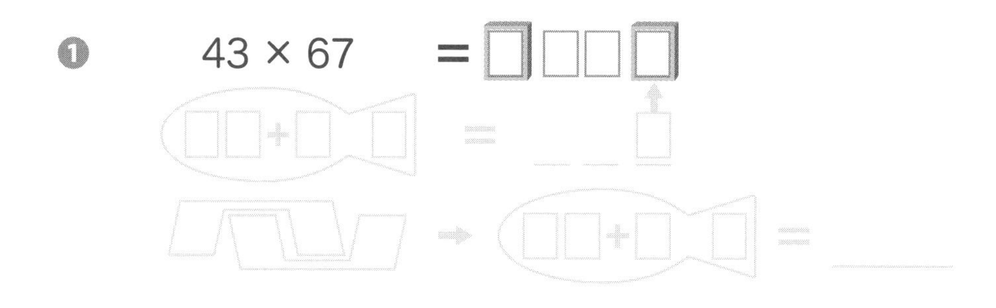

❷ 82 × 15 ＝□□□□

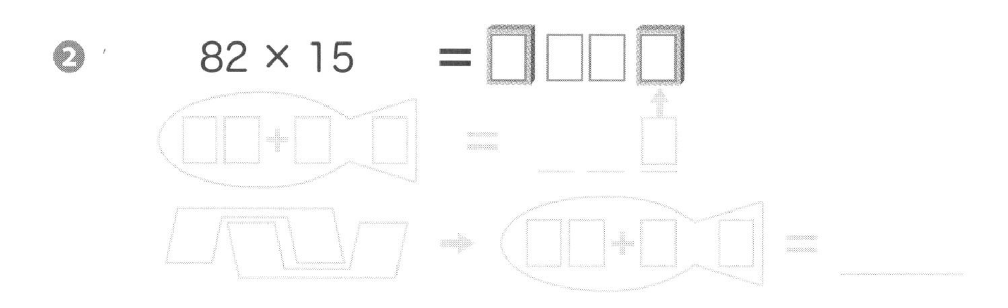

❸ 29 × 72 ＝□□□□

❹ 42 × 78 ＝□□□□

しっかりと数字を思いうかべながら計算しよう！

❺　58 × 49　=

❻　12 × 78　=

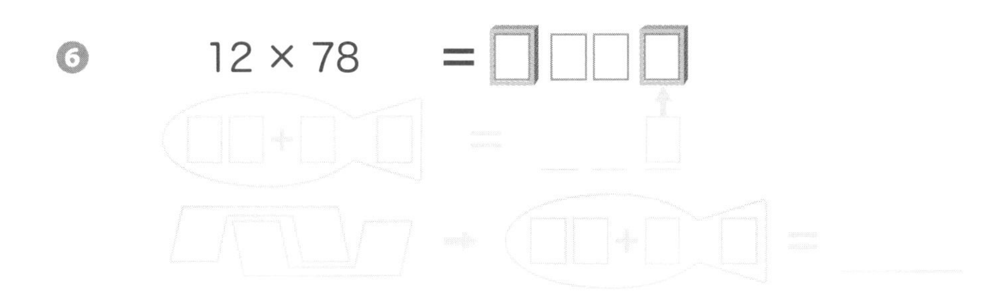

❼　45 × 68　=

❽　41 × 56　=

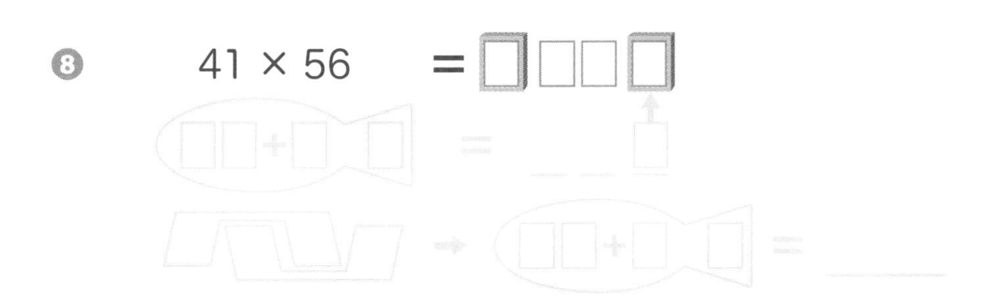

ゴースト暗算 第３段階 下のおさかなも消えた！

下のおさかなプレートもなくなっちゃった。頭の中でちゃんと思いうかべられるかな。
ゴースト暗算の第３段階にチャレンジ！

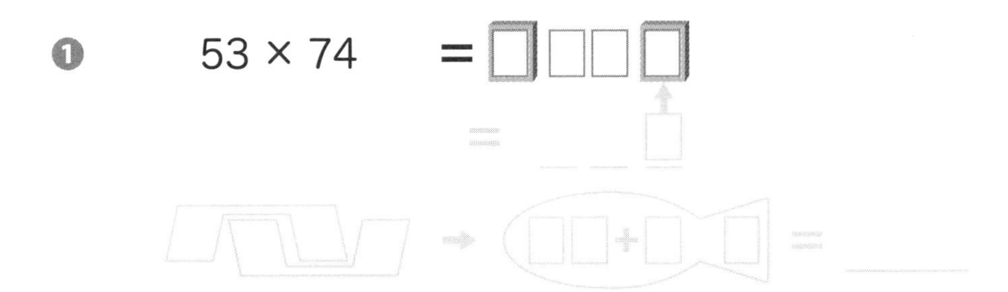

❶　53 × 74　＝□□□□

❷　65 × 78　＝□□□□

❸　31 × 31　＝□□□□

❹　39 × 28　＝□□□□

ガンバレ！　ガンバレ！

❺ 56 × 87 ＝□□□□

❻ 18 × 61 ＝□□□□

❼ 43 × 75 ＝□□□□

❽ 98 × 64 ＝□□□□

ゴースト暗算 第４段階 また１つ消えた！

今度は、下のおさかなプレートの答えを書くところもなくなったよ。
もう、スペースシャトルプレートしか残っていない。ゴースト暗算の第４段階にチャレンジ！

❶ 52 × 73 ＝□□□□

＋ ＝

❷ 88 × 46 ＝□□□□

＋ ＝

❸ 84 × 63 ＝□□□□

＋ ＝

❹ 34 × 32 ＝□□□□

＋ ＝

上下のおさかなプレートはどうなっていたっけ？

❺ 43 × 21 = □□□□

□□＋□ □ ＝ ＿＿＿

❻ 56 × 47 = □□□□

□□＋□ □ ＝ ＿＿＿

❼ 42 × 27 = □□□□

□□＋□ □ ＝ ＿＿＿

❽ 93 × 68 = □□□□

□□＋□ □ ＝ ＿＿＿

ゴースト暗算 第５段階 スペースシャトルプレートまで消えた！

今度は、スペースシャトルプレートだ。もう、ほとんど暗算だ。
ゴースト暗算の第５段階にチャレンジ！

❶ 56 × 48 ＝□□□□

→ □□＋□ □ ＝ ＿＿＿＿

❷ 63 × 82 ＝□□□□

→ □□＋□ □ ＝ ＿＿＿＿

❸ 32 × 34 ＝□□□□

→ □□＋□ □ ＝ ＿＿＿＿

❹ 74 × 59 ＝□□□□

→ □□＋□ □ ＝ ＿＿＿＿

プレートと、それを使う順番を思い起こそう！

❺　67 × 21　=□□□□

→ □□+□　□ =

❻　72 × 36　=□□□□

→ □□+□　□ =

❼　46 × 19　=□□□□

→ □□+□　□ =

❽　63 × 96　=□□□□

→ □□+□　□ =

もっとやって、どんどん慣(な)れていこう！

⑨ 43 × 58 = □□□□

→ □□+□ □ = ＿＿＿

⑩ 26 × 37 = □□□□

→ □□+□ □ = ＿＿＿

⑪ 76 × 67 = □□□□

→ □□+□ □ = ＿＿＿

⑫ 26 × 82 = □□□□

→ □□+□ □ = ＿＿＿

まだまだ。がんばろう！

⑬　46 × 59　=□□□□

⑭　86 × 14　=□□□□

⑮　52 × 21　=□□□□

⑯　58 × 59　=□□□□

ゴースト暗算 第6段階　答えのサンドイッチ以外全部消えた！

さあ、いよいよ大づめだよ。もう、答えのますだけだ。
ゴースト暗算の最終段階にチャレンジ！

❶ 73 × 45 = □□□□

❷ 27 × 41 = □□□□

❸ 47 × 63 = □□□□

❹ 35 × 31 = □□□□

ゴースト暗算の達人まで、あと少し！

❺　39 × 62　＝□□□□

❻　39 × 25　＝□□□□

❼　68 × 16　＝□□□□

❽　87 × 94　＝□□□□

ゴースト暗算 確認テスト

とうとう、問題以外は全部消えちゃった。
今まで、覚えてきたゴースト暗算のステップを思い出して、
「2ケタ×2ケタ」の暗算にチャレンジしよう！

❶ $47 \times 45 =$

❷ $34 \times 64 =$

❸ $28 \times 72 =$

❹ $66 \times 46 =$

❺ $38 \times 75 =$

❻ $46 \times 29 =$

❼ $81 \times 26 =$

❽ $16 \times 47 =$

❾ $82 \times 21 =$

❿ $79 \times 86 =$

⑪ $21 \times 62 =$

⑫ $81 \times 73 =$

⑬ $35 \times 45 =$

⑭ $67 \times 38 =$

⑮ $71 \times 25 =$

⑯ $46 \times 13 =$

⑰ $21 \times 14 =$

⑱ $76 \times 86 =$

⑲ $69 \times 85 =$

⑳ $89 \times 97 =$

コラム　特別な場合のゴースト暗算

あれっ!? こんなときはどうしよう？

「ゴースト暗算」は、もうバッチリかな？
2ケタ×2ケタのかけ算なんて、こわくなくなったでしょ。
でも、ちょっと待って！
今まで覚えてきた「ゴースト暗算」の方法では、解けない問題もあるんだ。
そんな問題の解き方を教えるよ。

99 × 48 =

このかけ算を、ゴースト暗算で解いていこう。
まず、上のおさかなプレートは99 × 4 だから、396だね。
3を千の位に書こう。
次に、下のおさかなプレートだ。
胴体は 96 + 7 だから、103。
100 を超えてしまったぞ！
そうすると、右には 1032 と書くのかな？
ちがうんだ。
こんなときは、
❶ 96 + 7 の一の位どうしのたし算をする。
6 + 7 = 13
この 13 の下1ケタ 3 だけを右に書くんだ（下1ケタが0のときは、なにも書かないよ）。
しっぽの2はそのまま書くから、下のおさかなプレートの答えは32とするんだ。
この2を、答えの一の位に書こう。
そして、
❷ 千の位の 3 を 1 くり上げて、4 にする（千の位が0（空白）だったときは、□に1を書くんだ）。
その後、スペースシャトルプレートの計算をすると、75 になる。
だから、99 × 48 の答えは、4752 になるんだ。
わかった？

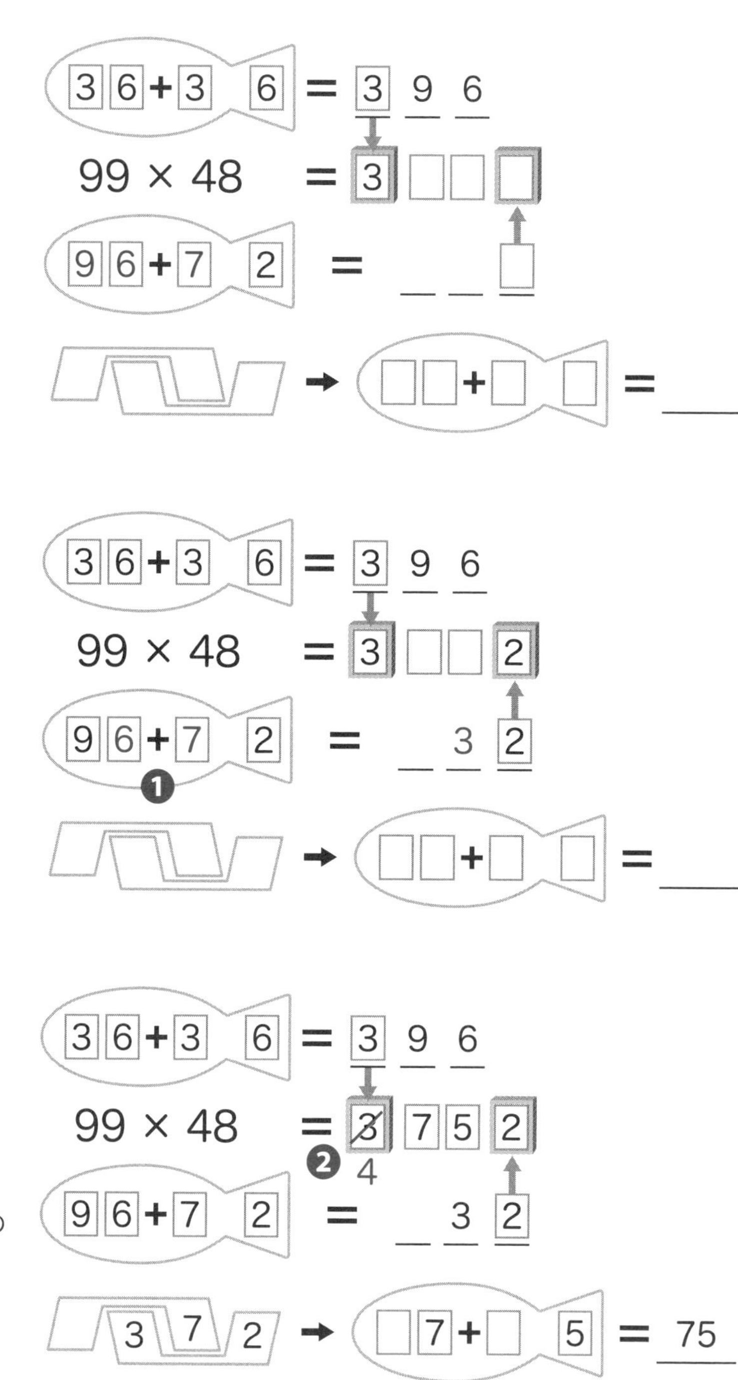

じゃあ、練習してみよう。

49 × 69 =

まず、〰〰 のところをやってみよう。

上のおさかなプレートは、
294 だから、
2 を答えの千の位に書こう。

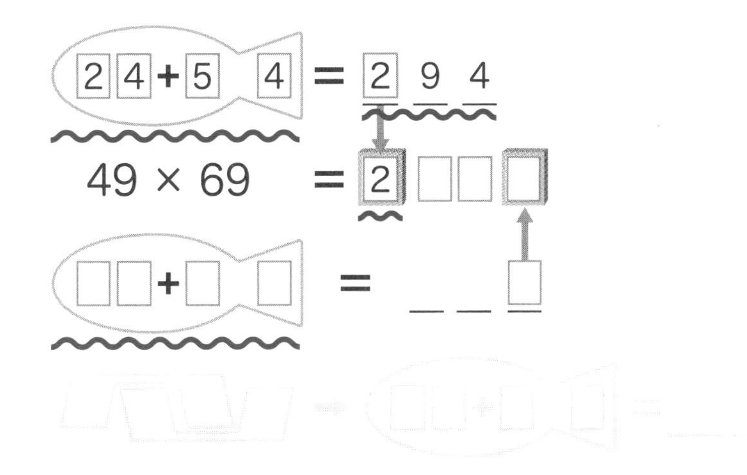

下のおさかなプレートの胴体は、
94 + 8 だから 102。
こんなときは、どうするんだっけ？
一の位どうしのたし算 4 + 8 をするんだったね。
4 + 8 = 12
この下 1 ケタの 2 を右につめて書いて、しっぽの 1 を一の位に書く。
だから、下のおさかなプレートは、
21 となる。
答えの千の位の 2 を 1 くり上げて、
3 にするのを忘れずに！

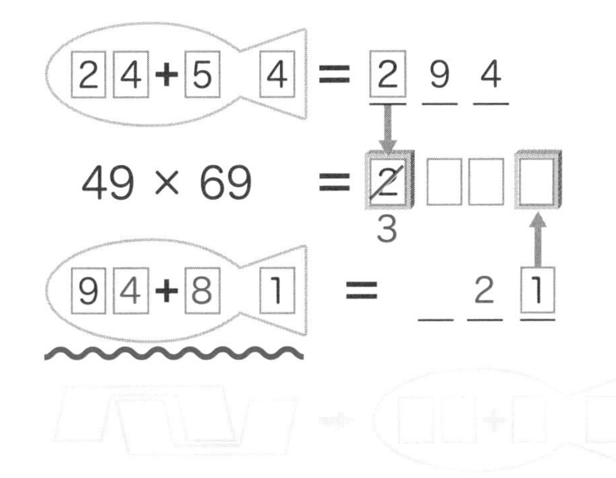

そして、
スペースシャトルプレートだ。
スペースシャトルプレートの答えは、
38。
これで、49 × 69 の答えは
3381 になる。

もう、わかったよね！
じゃあ、次のページからの
練習問題にチャレンジ！

2 4 + 5 4 = 2 9 4
49 × 69 = 2 3 8 1
3
9 4 + 8 1 = 2 1
2 3 6 → 3 + 8 = 38

練習問題をやってみよう！

じゃあ、練習問題だ！

ひとつひとつ、進めていこう！

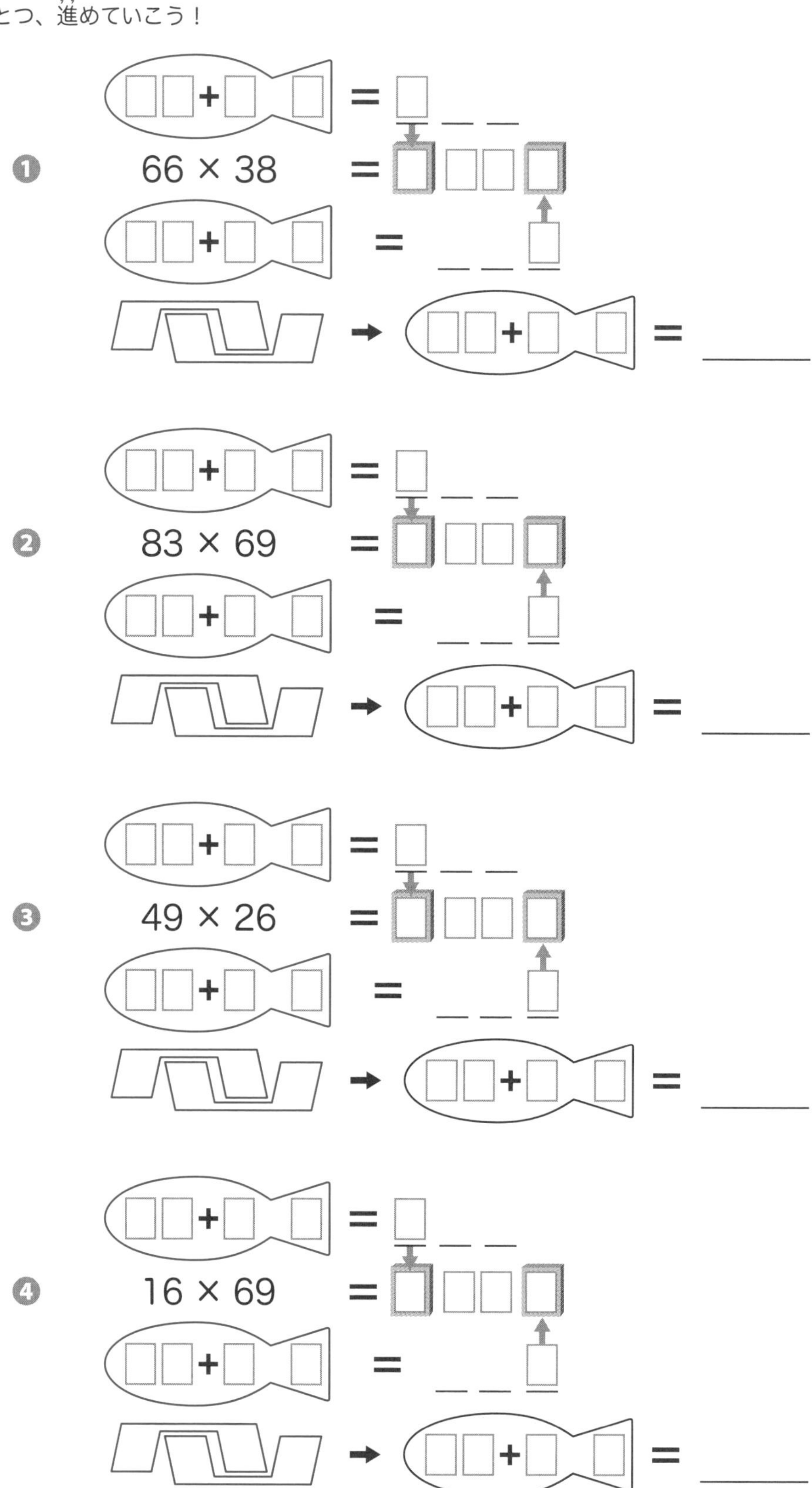

ガンバレ！

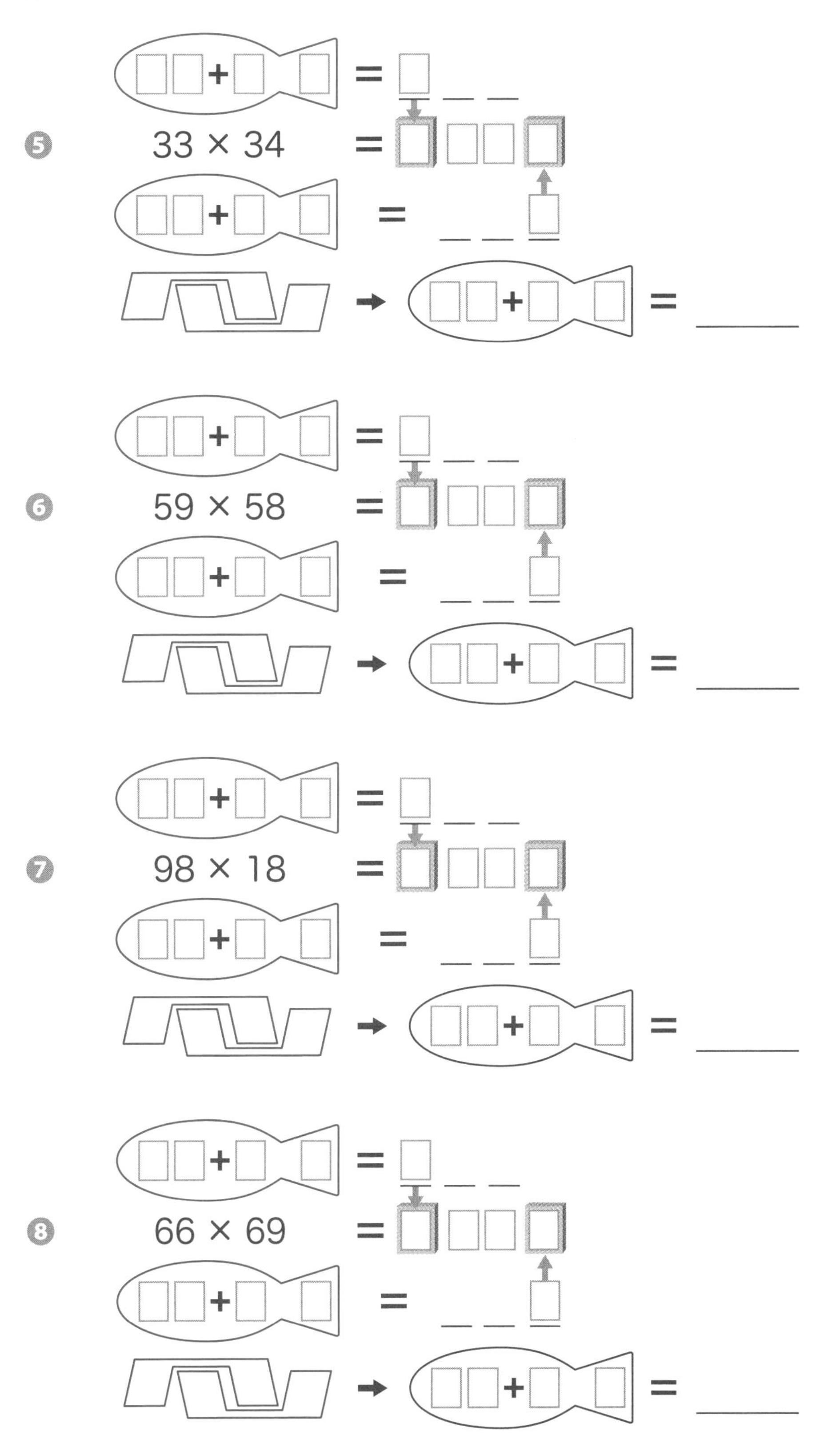

できた？

じゃあ、次のページはプレートが全部消えるよ。がんばってね！

ゴースト暗算(あんざん)でやってみよう！

今度(こんど)は、プレートがなにもない、ゴースト暗算(あんざん)でやってみよう。
進(すす)め方(かた)を頭(あたま)にえがいて、やってみてね。

❶ 98 × 39 ＝ □□□□

❷ 66 × 35 ＝ □□□□

❸ 16 × 69 ＝ □□□□

❹ 97 × 29 ＝ □□□□

ガンバレ！

❺　79 × 59 ＝□□□□

❻　14 × 76 ＝□□□□

❼　48 × 28 ＝□□□□

❽　28 × 78 ＝□□□□

できた？
この特別な場合のゴースト暗算ができれば、もう２ケタ×２ケタの暗算はバッチリだよ。
こわいものなしだ！

まずは 2ケタ×1ケタの暗算

今まで覚えてきたことの復習だよ。スラスラできるかな？
おさかなプレートを使ってやってみよう！

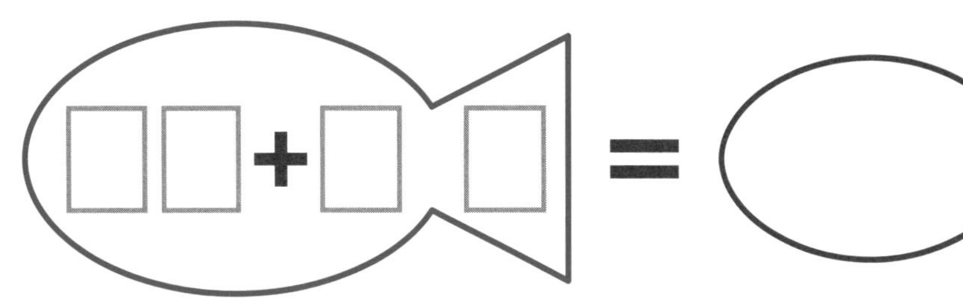

❷ 54 × 7

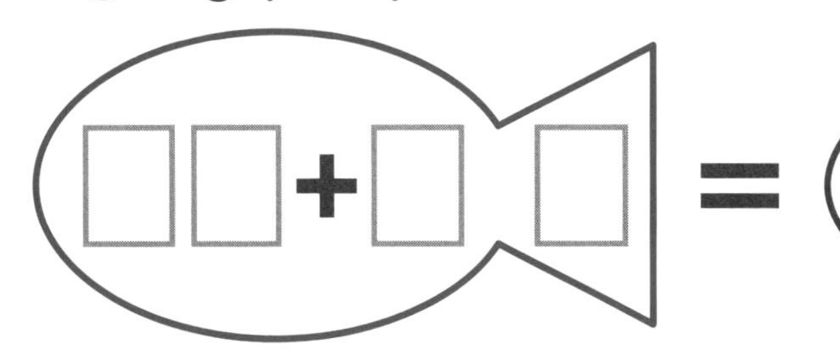

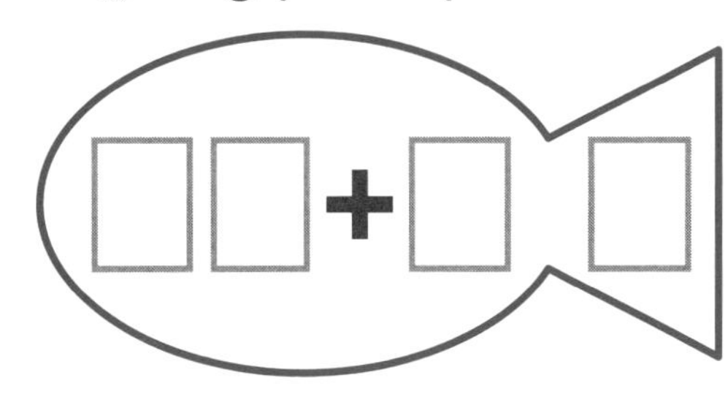

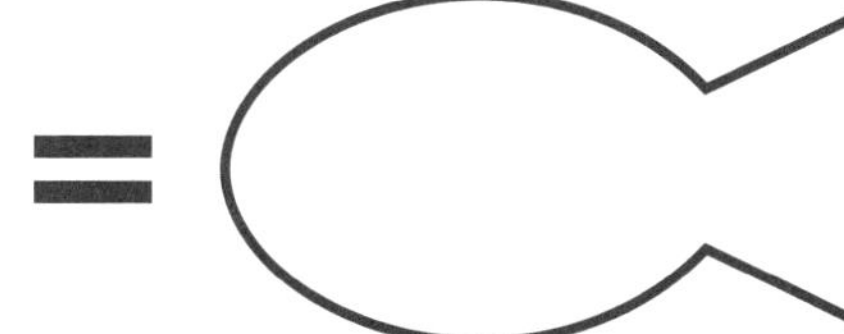

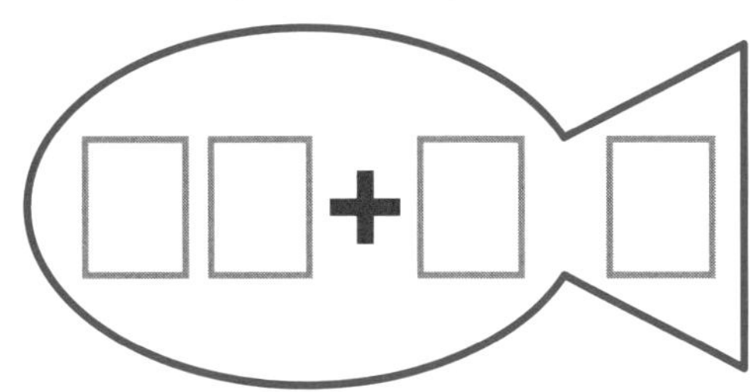

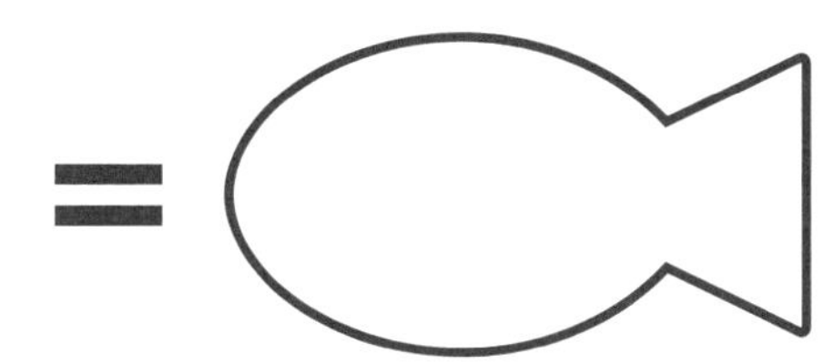

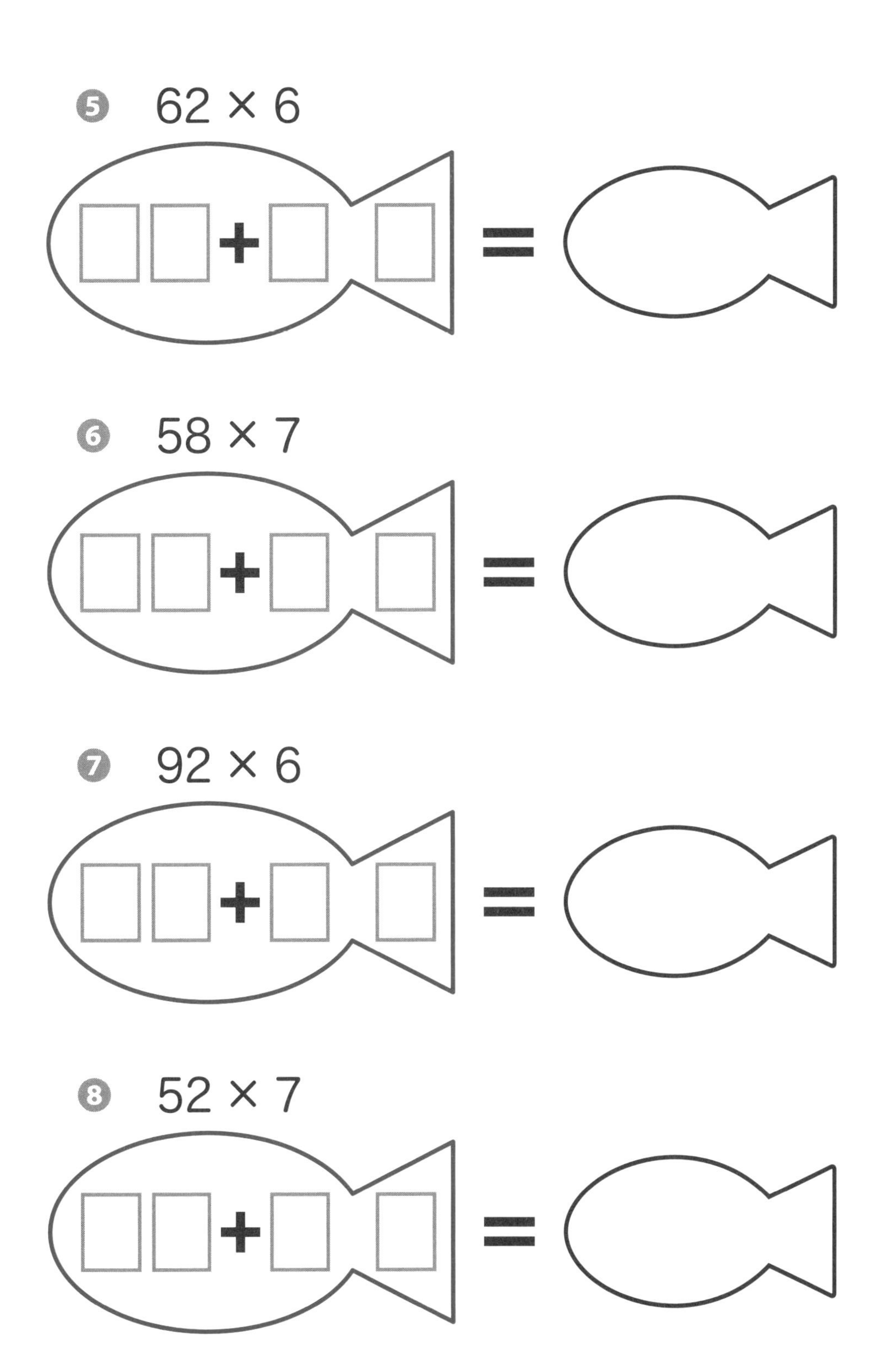

❺ 62 × 6
+
=
❻ 58 × 7
+
=
❼ 92 × 6
+
=
❽ 52 × 7
+
=

もうカンタンだよね。
どんどんやっていこう！

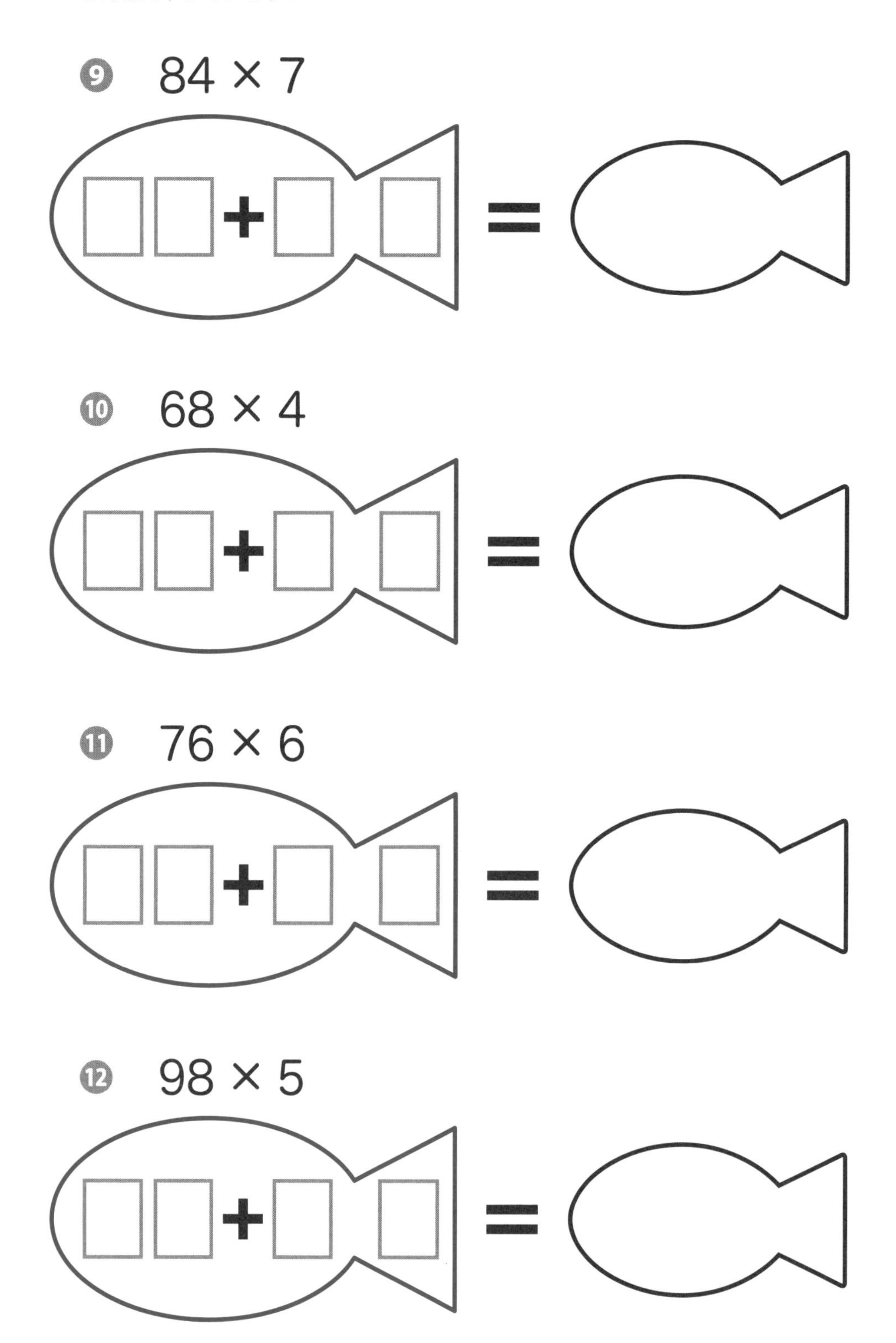

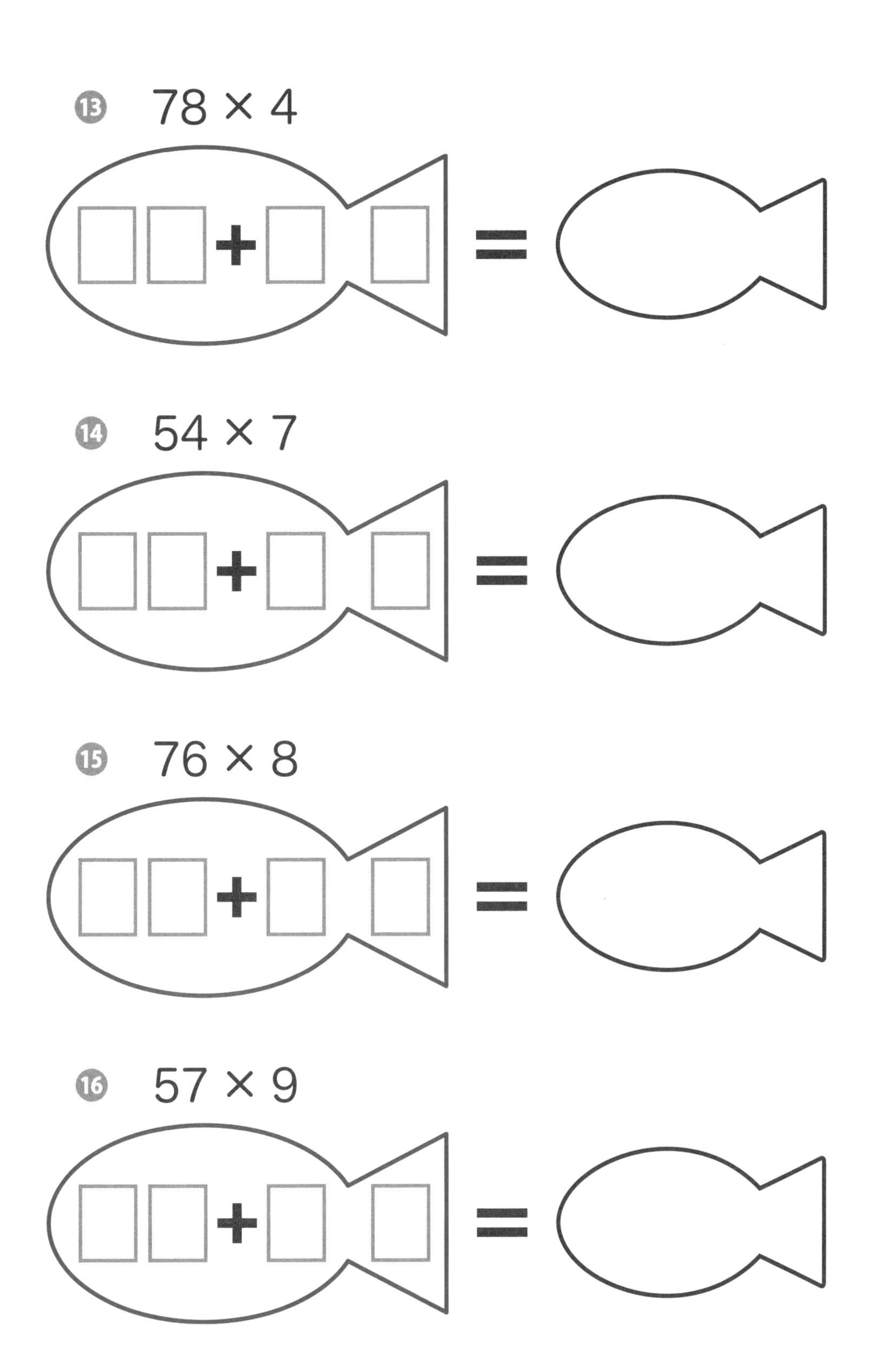
⑬ 78 × 4
+
=
⑭ 54 × 7
+
=
⑮ 76 × 8
+
=
⑯ 57 × 9
+
=

2ケタ×2ケタの練習問題をやってみよう！

今度は２ケタ×２ケタの計算だよ。おさかなプレートやサンドイッチプレート、スペースシャトルプレートを使ってやってみよう。なにも使わないでできれば、サイコーだね。

❶ 36 × 56 =

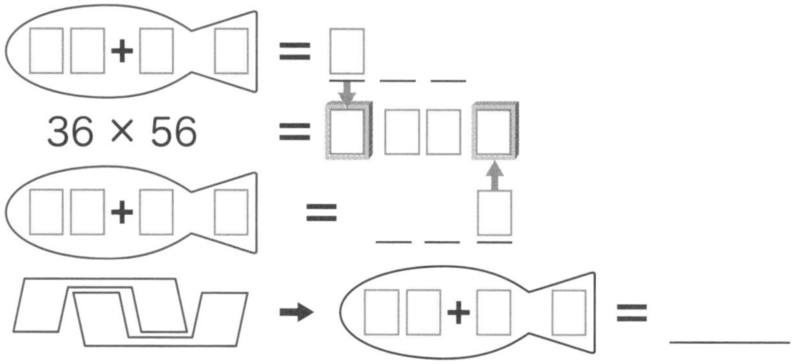

❷ 34 × 78 =

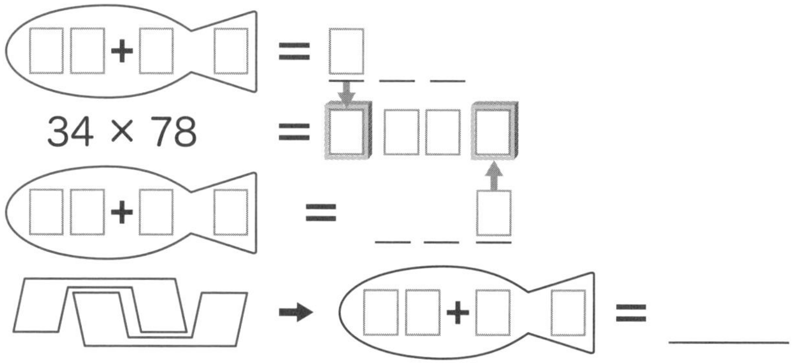

❸ 54 × 78 =

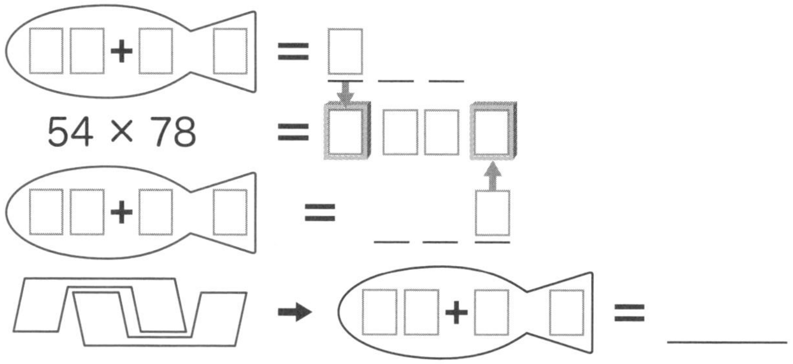

❹ 43 × 72 =

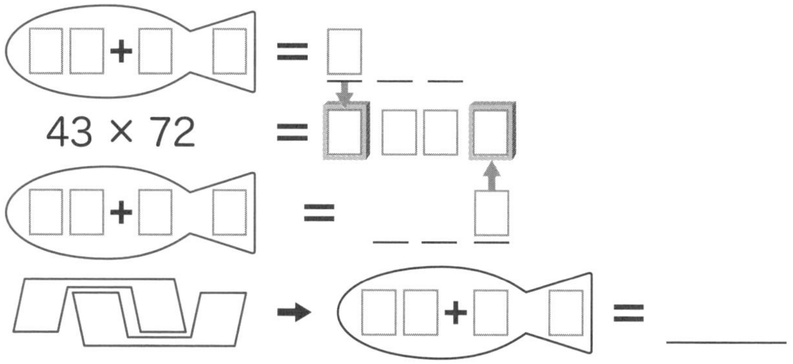

❺ 83 × 33 =

❻ 29 × 17 =

❼ 91 × 14 =

❽ 82 × 12 =

もっとやってみよう！

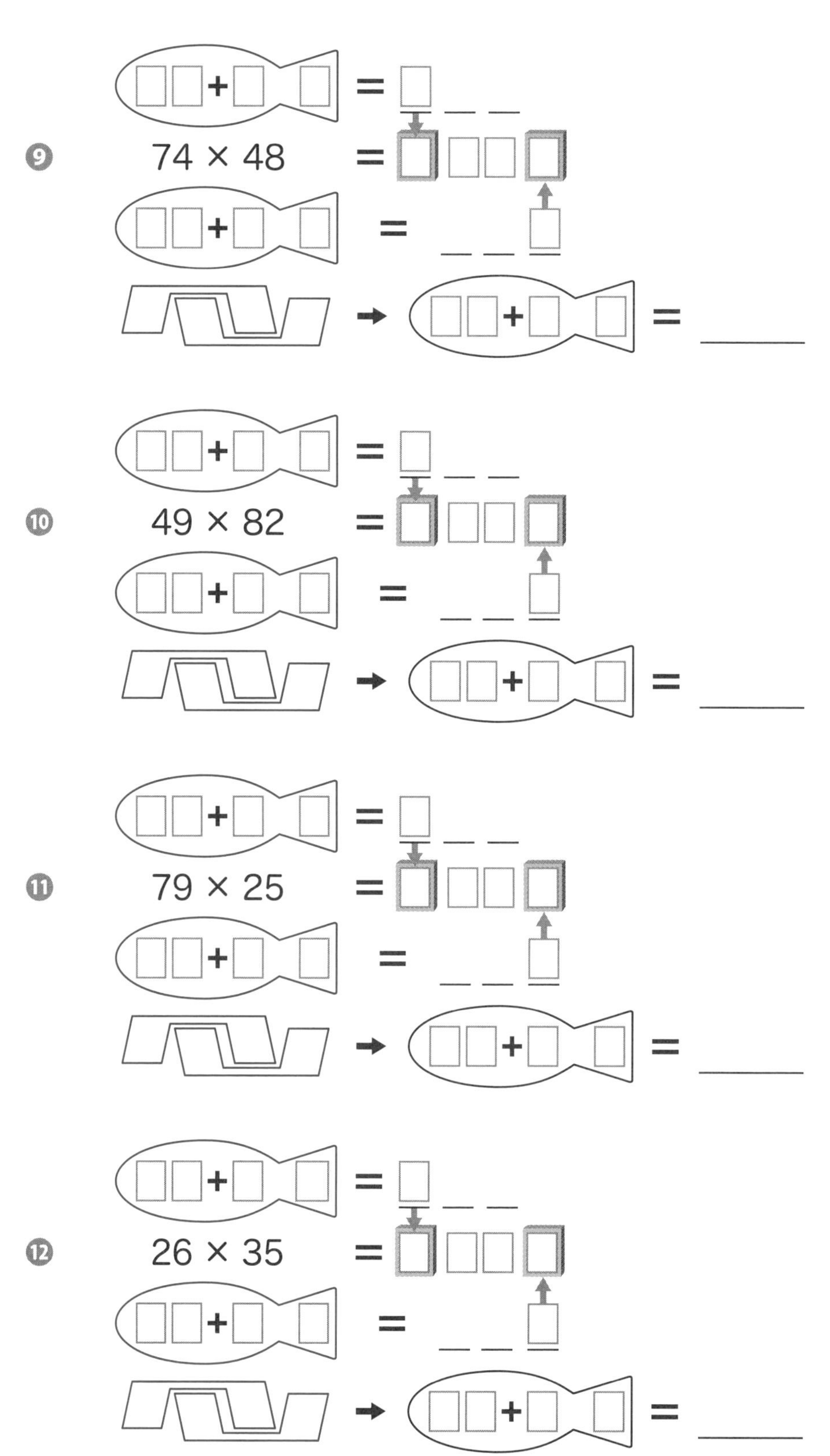

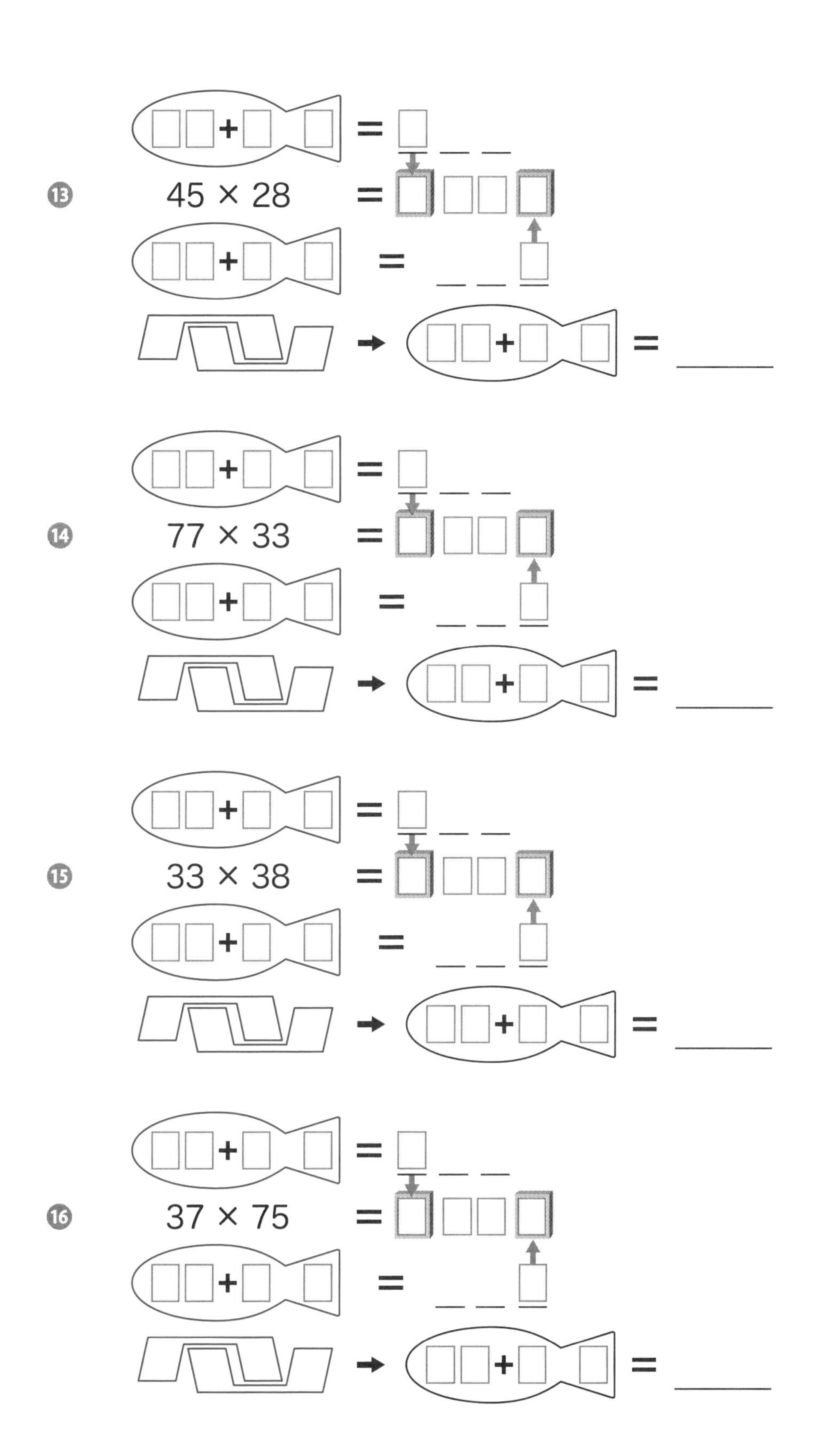
⑬
45 × 28
⑭
77 × 33
⑮
33 × 38
⑯
37 × 75

まだまだあるよ。
がんばろう！

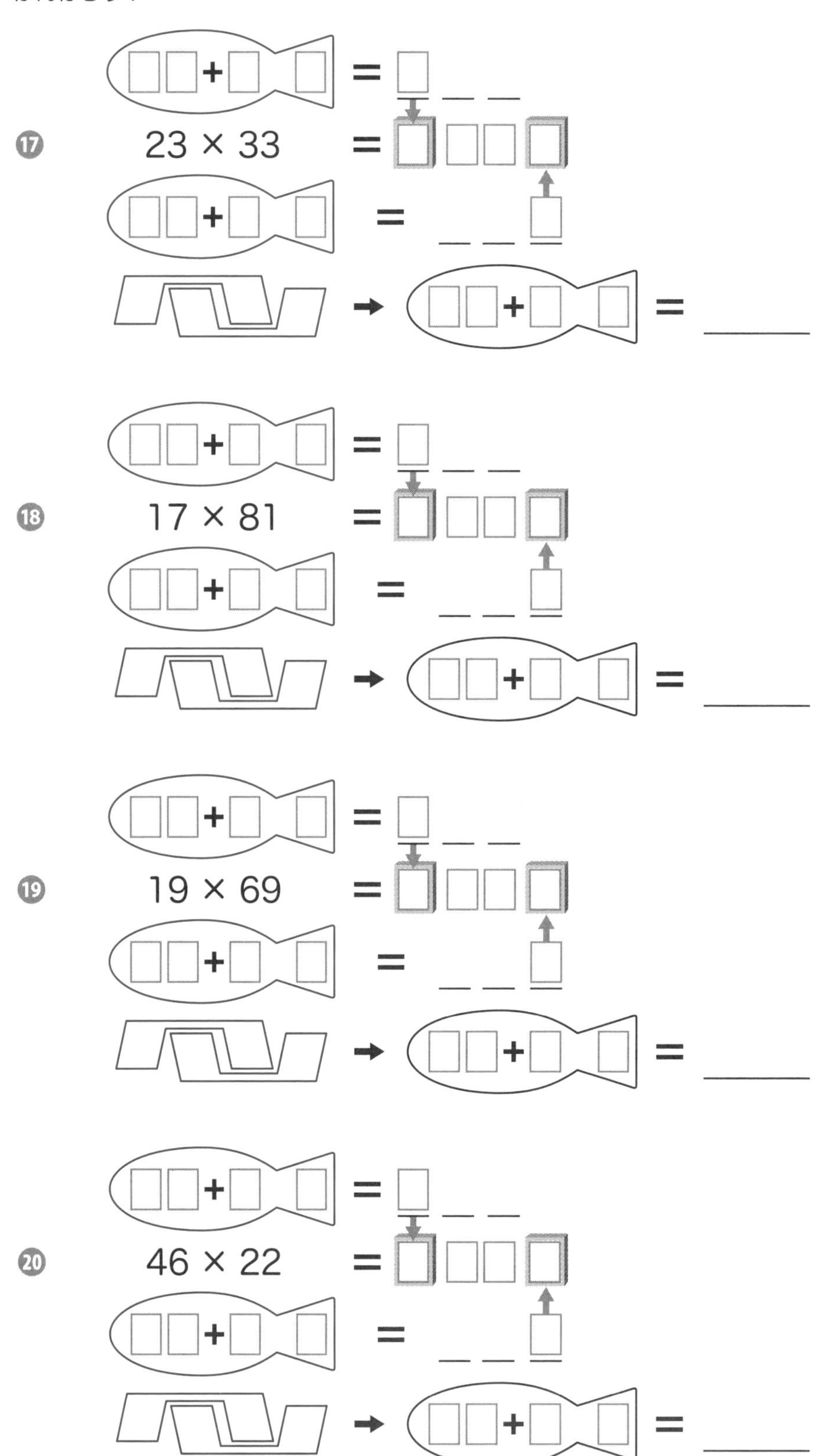

㉑ 72 × 29 =

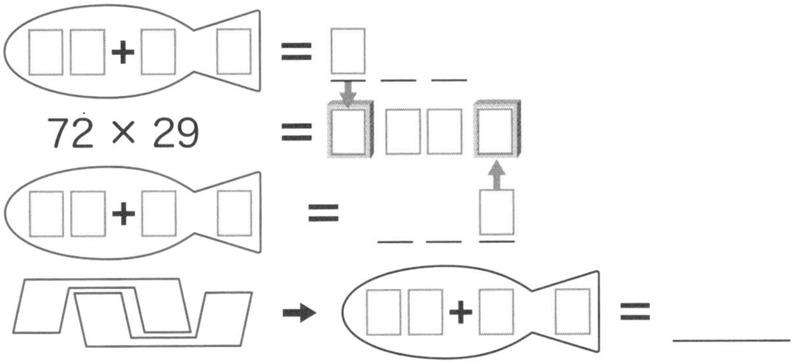

㉒ 82 × 58 =

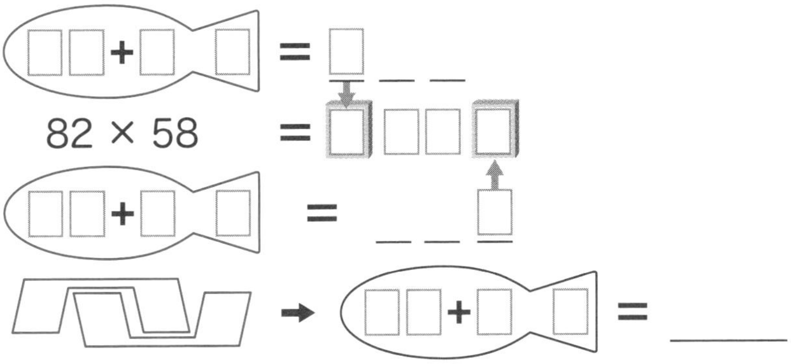

㉓ 38 × 97 =

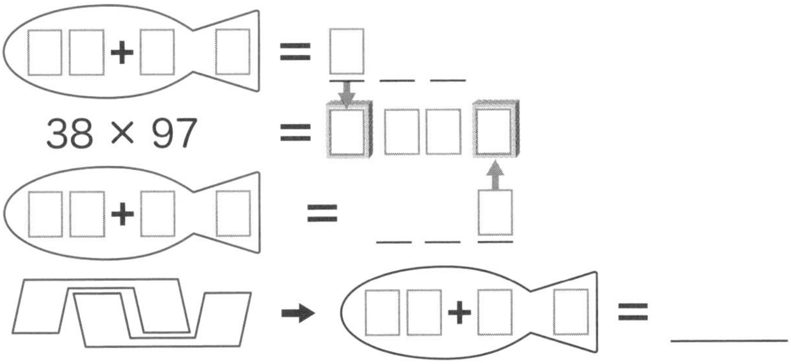

㉔ 86 × 79 =

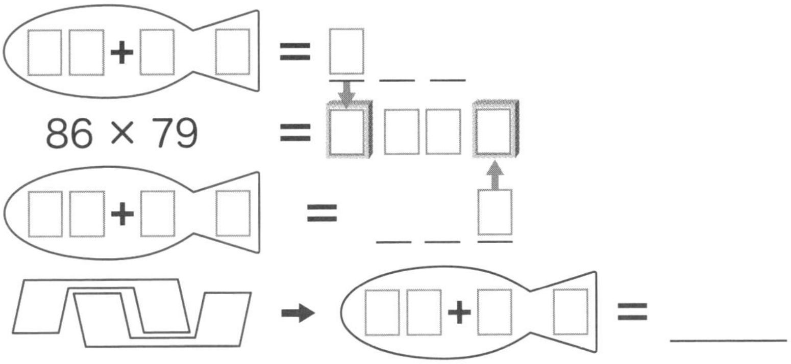

ラスト8問！
もう、書きこまなくてもできるかな？

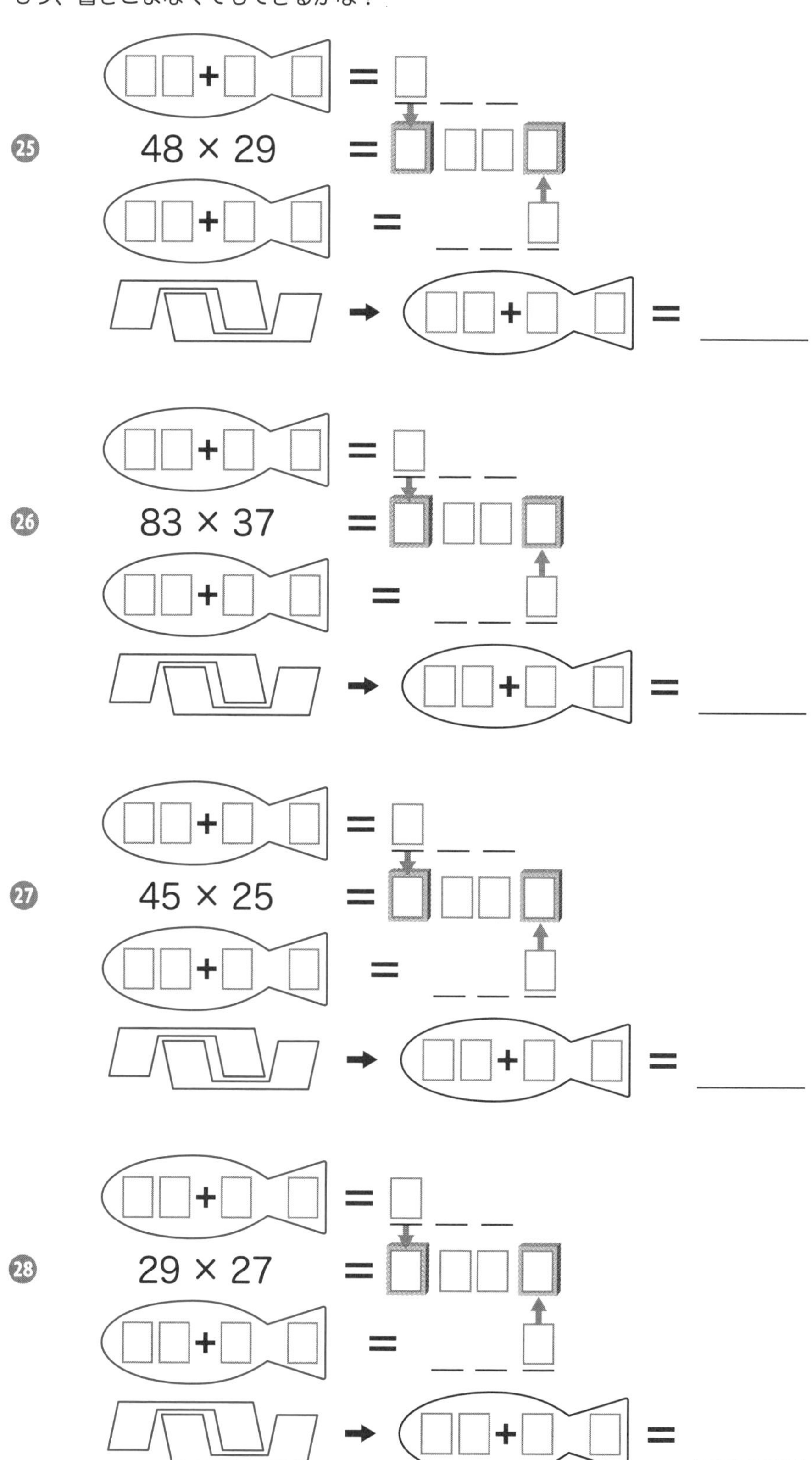

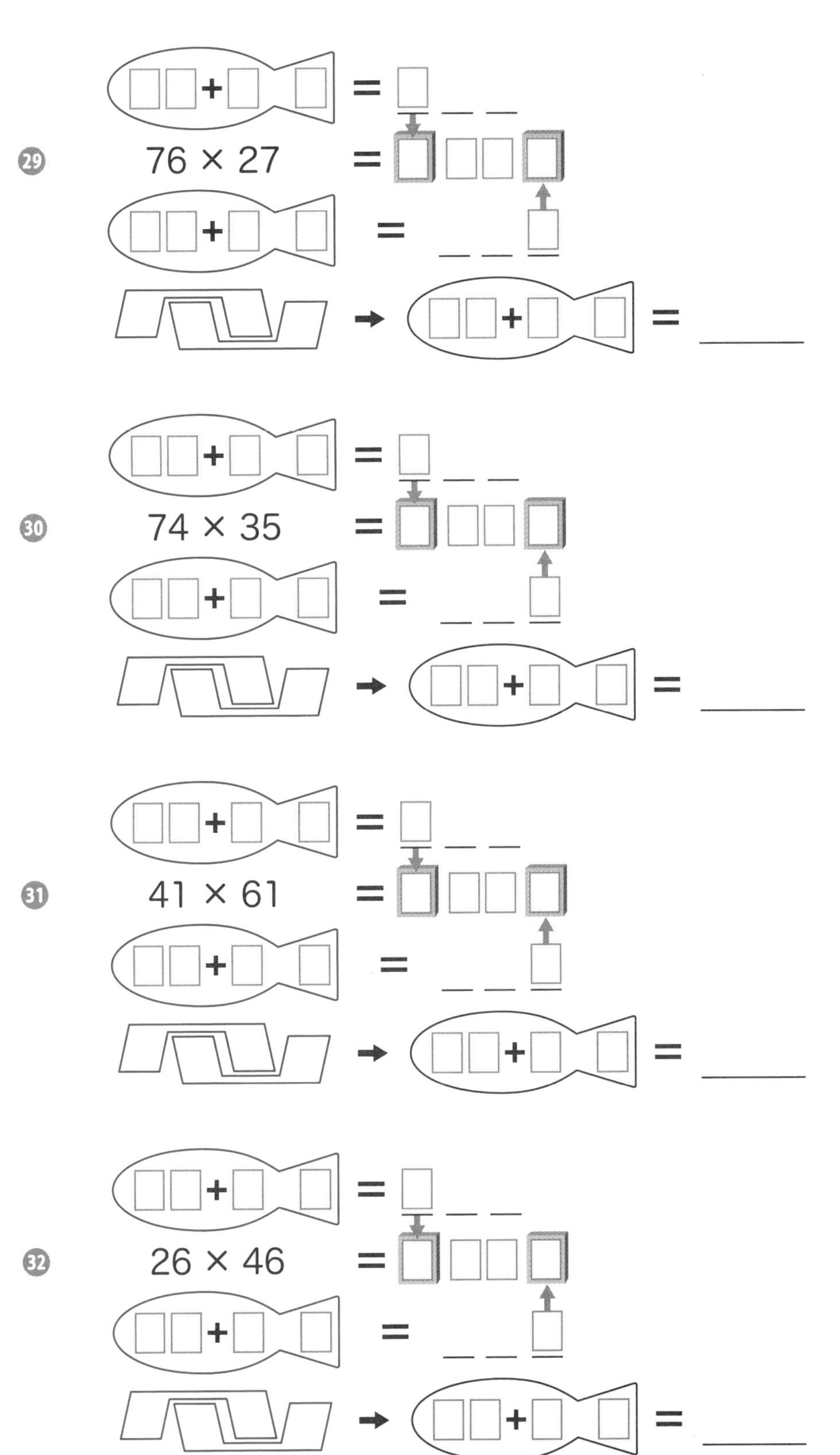

はいっ！
ご苦労様！

最終テスト 岩波暗算検定

ゴースト暗算をどれだけマスターしたか、試してみよう。
❶～⓯は２ケタ×１ケタ、⓰～㉚は２ケタ×２ケタの暗算だよ。
全30問で、制限時間は15分。

それでは、スタート！

❶ $67 \times 4 =$

❷ $35 \times 5 =$

❸ $57 \times 6 =$

❹ $28 \times 7 =$

❺ $37 \times 7 =$

❻ $16 \times 6 =$

❼ $71 \times 4 =$

❽ $45 \times 3 =$

❾ $82 \times 7 =$

❿ $61 \times 9 =$

⓫ $29 \times 6 =$

⓬ $35 \times 8 =$

⓭ $63 \times 6 =$

⓮ $86 \times 7 =$

⓯ $98 \times 9 =$

⓰ $56 \times 26 =$

⓱ $53 \times 54 =$

⓲ $64 \times 37 =$

⓳ $82 \times 34 =$

⓴ $52 \times 77 =$

㉑ $54 \times 34 =$

㉒ $73 \times 48 =$

㉓ $56 \times 34 =$

㉔ $83 \times 66 =$

㉕ $39 \times 82 =$

㉖ $39 \times 25 =$

㉗ $48 \times 87 =$

㉘ $53 \times 64 =$

㉙ $42 \times 56 =$

㉚ $86 \times 34 =$

終了！
時間内に全部終わったら、見直しをするか、右ページのおまけ問題へ GO ！

おまけ問題

このおまけ問題は、テストの結果とは関係ないけれど、時間が余ったら、ぜひやってみよう！

❶ 35 × 56 ＝

❷ 48 × 44 ＝

❸ 32 × 46 ＝

❹ 73 × 45 ＝

❺ 27 × 56 ＝

❻ 64 × 67 ＝

❼ 29 × 78 ＝

❽ 36 × 87 ＝

❾ 65 × 16 ＝

❿ 85 × 39 ＝

⓫ 46 × 57 ＝

⓬ 39 × 61 ＝

⓭ 37 × 49 ＝

⓮ 84 × 76 ＝

⓯ 89 × 86 ＝

おつかれさま〜

これで、「岩波メソッド ゴースト暗算 2ケタ×2ケタの暗算」の学習はすべて完了。

最終テストの採点をしてみよう。

下に、君たちが「岩波メソッド ゴースト暗算 2ケタ×2ケタの暗算」の何級レベルかを判定する基準があるから、見てね。

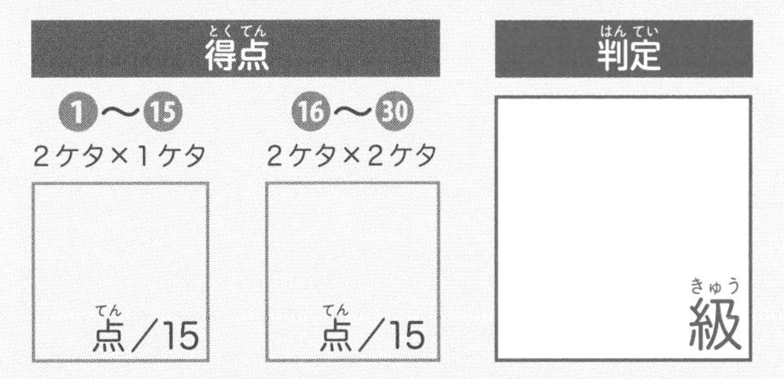

得点		判定
❶〜⓯ 2ケタ×1ケタ	⓰〜㉚ 2ケタ×2ケタ	
点／15	点／15	級

岩波メソッド ゴースト暗算 2ケタ×2ケタの暗算

得点		判定
❶〜⓯ 2ケタ×1ケタ	⓰〜㉚ 2ケタ×2ケタ	
5〜7点／15	0〜4点／15	5級レベル
8〜11点／15	5〜9点／15	4級レベル
12〜点／15	10〜点／15	3級レベル
		まだまだ、上はあるぞ！
		ヒ・ミ・ツ

答え　この本で解いてきた問題の答えだよ。合っているか、確認しよう。

第1章

p8～11

❶140　❷162　❸268　❹102　❺324　❻252
❼656　❽156　❾348　❿612　⓫534　⓬82
⓭624　⓮108　⓯114　⓰648

p14～15

❶329　❷184　❸222　❹104　❺228　❻306
❼48　❽544

p16～19

❶140　❷162　❸268　❹102　❺656　❻156
❼348　❽612　❾534　❿82　⓫624　⓬108
⓭114　⓮648

p20～23

❶162　❷270　❸284　❹81　❺156　❻522
❼376　❽552　❾171　❿219　⓫48　⓬343
⓭553　⓮712　⓯162　⓰256

p24

❶210　❷192　❸192　❹365　❺162　❻92
❼232　❽252　❾390　❿168　⓫322　⓬78
⓭333　⓮504　⓯534　⓰198　⓱448　⓲102
⓳765　⓴208　㉑162　㉒315　㉓469　㉔86
㉕184　㉖188　㉗468　㉘249　㉙576　㉚402

p25

❶92　❷252　❸252　❹315　❺224　❻316
❼96　❽375　❾343　❿126　⓫332　⓬567
⓭180　⓮546　⓯370　⓰256　⓱424　⓲78
⓳728　⓴464　㉑368　㉒204　㉓432　㉔98
㉕24　㉖602　㉗672　㉘351　㉙276　㉚165

第2章

p34～35

❶2、2　❷1、2　❸4、7
❹なし（0なのでなにも書かない）、7

p36～37

❶1、4　❷なし（0なのでなにも書かない）、5
❸1、6　❹なし（0なのでなにも書かない）、7
❺1、6　❻2、6　❼2、4　❽5、1　❾1、0
❿3、6　⓫なし（0なのでなにも書かない）、9
⓬1、7　⓭2、3　⓮3、5　⓯2、5
⓰なし（0なのでなにも書かない）、8

p38～39

❶なし（0なのでなにも書かない）、5　❷2、1
❸なし（0なのでなにも書かない）、8　❹2、9
❺なし（0なのでなにも書かない）、4　❻2、4
❼2、3　❽なし（0なのでなにも書かない）、8
❾2、4　❿2、5　⓫1、6　⓬2、6　⓭1、0
⓮6、2　⓯6、8

p40～41

❶4、4　❷5、2　❸3、6　❹1、4　❺3、4
❻1、2　❼なし（0なのでなにも書かない）、0
❽なし（0なのでなにも書かない）、7　❾6、5
❿6、8　⓫3、6　⓬6、4　⓭4、8　⓮6、2
⓯7、6

p42

❶1、6　❷5、8
❸なし（0なのでなにも書かない）、5　❹1、6
❺なし（0なのでなにも書かない）、2　❻2、6
❼2、4　❽1、6

p43

❶1、0　❷3、6　❸2、2　❹1、7　❺2、3
❻なし（0なのでなにも書かない）、8　❼1、9
❽なし（0なのでなにも書かない）、8

p44

❶1、8　❷2、8　❸2、1
❹なし（0なのでなにも書かない）、8　❺6、6
❻なし（0なのでなにも書かない）、4　❼2、4
❽2、3

p45

❶1、6　❷なし（0なのでなにも書かない）、5
❸1、6　❹なし（0なのでなにも書かない）、5
❺なし（0なのでなにも書かない）、0
❻2、6　❼5、9　❽5、8

第3章

p52～53

❶37　❷68　❸36　❹92　❺32　❻17
❼111　❽51　❾121　❿8　⓫120　⓬113

p56～57

❶76　❷53　❸128　❹20　❺80　❻121
❼105　❽11　❾130　❿63　⓫8　⓬120

p58～61

❶107　❷69　❸112　❹39　❺56　❻55
❼114　❽120　❾7　❿121　⓫63　⓬112
⓭105　⓮130　⓯65　⓰129　⓱112　⓲82
⓳76　⓴17　㉑137　㉒22　㉓54　㉔130

p62～63

❶ 88 ❷ 51 ❸ 97 ❹ 54 ❺ 112 ❻ 64
❼ 84 ❽ 114 ❾ 14 ❿ 121 ⓫ 112 ⓬ 105

p64～67

❶ 69 ❷ 86 ❸ 83 ❹ 27 ❺ 76 ❻ 128
❼ 35 ❽ 114 ❾ 72 ❿ 73 ⓫ 86 ⓬ 105
⓭ 112 ⓮ 84 ⓯ 120 ⓰ 64 ⓱ 42 ⓲ 121
⓳ 118 ⓴ 93 ㉑ 36 ㉒ 130 ㉓ 14 ㉔ 110

p68～69

❶ 95 ❷ 111 ❸ 81 ❹ 129 ❺ 74 ❻ 103
❼ 84 ❽ 9 ❾ 121 ❿ 55 ⓫ 120 ⓬ 100

第4章

p78～81

❶ 2862 ❷ 2835 ❸ 3128 ❹ 4128 ❺ 1139
❻ 2074 ❼ 483 ❽ 1104 ❾ 4745 ❿ 4355
⓫ 3456 ⓬ 2093 ⓭ 5704 ⓮ 252 ⓯ 4256
⓰ 1178

p82～83

❶ 5628 ❷ 1377 ❸ 2664 ❹ 1092 ❺ 5488
❻ 693 ❼ 1232 ❽ 2146

p84～85

❶ 8084 ❷ 4891 ❸ 1537 ❹ 2077 ❺ 5440
❻ 704 ❼ 4128 ❽ 1222

p86～87

❶ 3591 ❷ 5073 ❸ 1054 ❹ 1292 ❺ 3672
❻ 854 ❼ 1056 ❽ 5494

p88～89

❶ 3591 ❷ 3096 ❸ 1155 ❹ 5056 ❺ 1127
❻ 2604 ❼ 2241 ❽ 912

p90～91

❶ 7488 ❷ 2091 ❸ 5848 ❹ 2412 ❺ 2726
❻ 2808 ❼ 714 ❽ 1008

p92～93

❶ 2881 ❷ 1230 ❸ 2088 ❹ 3276 ❺ 2842
❻ 936 ❼ 3060 ❽ 2296

p94～95

❶ 3922 ❷ 5070 ❸ 961 ❹ 1092 ❺ 4872
❻ 1098 ❼ 3225 ❽ 6272

p96～97

❶ 3796 ❷ 4048 ❸ 5292 ❹ 1088 ❺ 903
❻ 2632 ❼ 1134 ❽ 6324

p98～101

❶ 2688 ❷ 5166 ❸ 1088 ❹ 4366 ❺ 1407
❻ 2592 ❼ 874 ❽ 6048 ❾ 2494 ❿ 962
⓫ 5092 ⓬ 2132 ⓭ 2714 ⓮ 1204 ⓯ 1092
⓰ 3422

p102～103

❶ 3285 ❷ 1107 ❸ 2961 ❹ 1085 ❺ 2418
❻ 975 ❼ 1088 ❽ 8178

p104～105

❶ 2115 ❷ 2176 ❸ 2016 ❹ 3036 ❺ 2850
❻ 1334 ❼ 2106 ❽ 752 ❾ 1722 ❿ 6794
⓫ 1302 ⓬ 5913 ⓭ 1575 ⓮ 2546 ⓯ 1775
⓰ 598 ⓱ 294 ⓲ 6536 ⓳ 5865 ⓴ 8633

コラム

p108～109

❶ 2508 ❷ 5727 ❸ 1274 ❹ 1104 ❺ 1122
❻ 3422 ❼ 1764 ❽ 4554

p110～111

❶ 3822 ❷ 2310 ❸ 1104 ❹ 2813 ❺ 4661
❻ 1064 ❼ 1344 ❽ 2184

第5章

p112～115

❶ 152 ❷ 378 ❸ 388 ❹ 342 ❺ 372 ❻ 406
❼ 552 ❽ 364 ❾ 588 ❿ 272 ⓫ 456 ⓬ 490
⓭ 312 ⓮ 378 ⓯ 608 ⓰ 513

p116～123

❶ 2016 ❷ 2652 ❸ 4212 ❹ 3096 ❺ 2739
❻ 493 ❼ 1274 ❽ 984 ❾ 3552 ❿ 4018
⓫ 1975 ⓬ 910 ⓭ 1260 ⓮ 2541 ⓯ 1254
⓰ 2775 ⓱ 759 ⓲ 1377 ⓳ 1311 ⓴ 1012
㉑ 2088 ㉒ 4756 ㉓ 3686 ㉔ 6794 ㉕ 1392
㉖ 3071 ㉗ 1125 ㉘ 783 ㉙ 2052 ㉚ 2590
㉛ 2501 ㉜ 1196

最終テスト

p124

❶ 268 ❷ 175 ❸ 342 ❹ 196 ❺ 259 ❻ 96
❼ 284 ❽ 135 ❾ 574 ❿ 549 ⓫ 174 ⓬ 280
⓭ 378 ⓮ 602 ⓯ 882 ⓰ 1456 ⓱ 2862
⓲ 2368 ⓳ 2788 ⓴ 4004 ㉑ 1836 ㉒ 3504
㉓ 1904 ㉔ 5478 ㉕ 3198 ㉖ 975 ㉗ 4176
㉘ 3392 ㉙ 2352 ㉚ 2924

p125

❶ 1960 ❷ 2112 ❸ 1472 ❹ 3285 ❺ 1512
❻ 4288 ❼ 2262 ❽ 3132 ❾ 1040 ❿ 3315
⓫ 2622 ⓬ 2379 ⓭ 1813 ⓮ 6384 ⓯ 7654

●ゴースト暗算開発・執筆
岩波邦明（ルイ・イーグル代表）

●共同執筆
押田あゆみ（ルイ・イーグル広報部長）

●装画
浅生ハルミン

●イラスト
西村博子

●装幀・デザイン
村山純子

●動画製作
北野啓太郎

岩波メソッド ゴースト暗算
令和版 6時間でできる！ 2ケタ×2ケタの暗算

2021年7月12日　初版第1刷発行

著者　岩波邦明
発行者　宗形 康
発行所　株式会社小学館クリエイティブ
〒101-0051 東京都千代田区神田神保町2-14 SP神保町ビル
電話 0120-70-3761（マーケティング部）
発売元　株式会社小学館
〒101-8001 東京都千代田区一ツ橋2-3-1
電話 03-5281-3555（販売）
印刷・製本　共同印刷株式会社

© 2021 Iwanami, Kuniaki　Printed in Japan
ISBN 978-4-7780-3568-6

造本には十分注意しておりますが、印刷、製本など製造上の不備がありましたら、小学館クリエイティブマーケティング部（フリーダイヤル 0120-70-3761）にご連絡ください（電話受付は、土、日、祝休日を除く9：30～17：30）。
本書の一部または全部を無断で複製、複写（コピー）、スキャン、上演、放送等をすることは、著作権法上での例外を除き禁じられています。代行業者等の第三者による本書の電子的複製も認められていません。
＊本書は小社刊「岩波メソッドゴースト暗算 6時間でできる！ 2ケタ×2ケタの暗算」の新装版です。